台商**行業狀元**成功秘訣

贏家勝經

Winner's Bible | The Secret of Successful Taiwan Business Men

陳明璋 博士—著

國家圖書館出版品預行編目資料

贏家勝經：台商行業狀元成功秘訣／陳明璋　著—初版—
台北市：信實文化，2008〔民97〕
面；16.5 x 21.5公分
ISBN: 978-986-84208-1-6（平裝）
1.品牌
2.企業管理

496.14　　　　　　　　　　　　　　　97003516

贏家勝經：台商行業狀元成功秘訣

作　　　者：陳明璋
專題策劃：陳啟明
總 編 輯：許麗雯
主　　編：胡元媛
特約編輯：余素維
美術輯編：劉淑芬、張尹琳
行銷總監：黃莉貞
發　　行：楊伯江、許麗雪
出　　版：信實文化行銷有限公司
地　　址：台北市大安區忠孝東路四段341號11樓之三
電　　話：（02）2740-3939　　傳　　真：（02）2777-1413
網　　站：www.cultuspeak.com.tw
電子郵件：cultuspeak@cultuspeak.com.tw
劃撥帳號：50040687信實文化行銷有限公司

印　　刷：乘隆彩色印刷有限公司
地　　址：台北縣中和市中山路二段530號7樓之一
電　　話：（02）8228-6369
圖書總經銷：知己圖書股份有限公司
（台北公司）台北市羅斯福路二段95號4樓之三
電　　話：（02）2367-2044　　傳　　真：（02）2362-5741
（台中公司）台中市407工業30路1號
電　　話：（04）2359-5819　　傳　　真：（04）2359-5493

Contents 目錄

推薦序一
企業永保長青之道

　　《贏家勝經：台商行業狀元成功祕訣》一書深入分析我國企業的成敗興衰實況，並提出永保企業長青之道，是難得一見的本土企管好書！

　　本書作者陳明璋博士從事企管研究及教學長達三十多年，對我國企業一直有最貼身的瞭解，他擔任台商張老師服務團團長十多年，與台商建立了深厚情誼，他每年必然至少五次到中國大陸各地實地瞭解台商情況，足跡踏遍中國大陸各省，連遠在蒙古的台商他也親身探訪。陳明璋教授可說是我國台商研究權威第一人！

　　在對台商多年實地研究後，陳教授撰成本書，提供創業有成的台商以及有志創業及成為行業狀元的企業界人士參考，書中除學者一貫嚴謹的研究及理性的探討風格外，還洋溢著對台商的無限關懷之情。

　　本書指出我國民間企業創業者大多是草根出身，貧窮是他們的本色，年輕時立志脫貧，以比別人努力十倍的吃苦耐勞精神創業，在創業之初以見縫插針作風尋得利基市場，牢牢把握得來不易的利基市場，努力經營，不斷加強自己在這方面的專長，終於成為一方霸主。如本書所特別深入採訪報導的七家企業，丹尼斯百貨董事長王任生、皇

冠皮件創辦人江枝田就是在「吃不飽」的壓力下矢志創業以脫離貧困，前者成為大陸河南省百貨業的龍頭以及聖誕燈泡的外銷大廠，後者則成為大陸皮件業狀元，皇冠牌成為大陸高級皮件的代名詞；又如台昇集團董事長郭山輝十多年前在台幣升值、台灣工資高漲的生死存亡關頭下，遠走大陸東莞落腳一片荒山，辛勤經營，終成為外銷家具業的霸主，現在更大力發展大陸內銷市場，打出台昇的品牌；至於今天大家都非常熟悉的法藍瓷，其創辦人陳立恆更是把瓷器此一利基市場發展到最極致，在短短六、七年之間把法藍瓷塑造成世界名牌，真值得有志者取經……。

這些脫穎而出的企業雖是行業狀元，但初時在市場上卻大多籍籍無名，因為他們是以代工起家，陳教授將之稱為草根狀元，但隨著品質及行銷能力的不斷精進，這些沒沒無聞的草根狀元逐漸由代工轉變為創牌（OBM），開始由幕後走到台前，蛻變成眾所矚目的區域型或洲際型甚至是世界性的企業，如台塑、鴻海、統一等就是箇中典型。陳教授的研究適與德國企管學者Hermann Simon的隱形冠軍理論不謀而合。

而陳教授以其對台商的獨特研究，發現台商隱形冠軍的一些特質是超越Hermann Simon的研究的，如夜市小吃的台灣味，竟能靠連鎖管理而發展出國際化經營；從專注利基的貼牌者擴展兼做創牌，成為貼創兼具的雙牌企業；將常識變成知識，且不斷將知識加工而青出於藍……。

　　本書作者更進一步提出決定行業狀元勝負的八大DNA（動力基因）理論，這八大DNA是：一、挑戰逆境、扭轉困局的天生本能；二、瞭解人性、掌握人性以及運用人性來發展事業的本能；三、敢認輸、肯忍耐、謀求東山再起的本能；四、天生樂於工作，絕不輕言退休的本能；五、天生就有呼群保義、結合創業夥伴的強大魅力；六、天生自律自重、幾近挑剔龜毛的性格；七、從不斷的磨難中培養出自信的霸氣和魅力；八、有強烈欲望要創新建立行業新典範。這八大DNA理論更有助我們瞭解台商。

　　本書並特別闢出專章探討行業狀元如何衛冕，作者毫不容情地告訴行業狀元：成功只是中間站，它沒有終點站。行業狀元也不是永久的，因為任何有機體都是逐步邁向死亡，企業亦然；企業一直都在進行一場沒有止境的競爭。作者也指出行業狀元失敗的因子：一、成功者常會有一種自以為神的幻覺；二、成功者會把自己優勢無限上綱，而產生阻礙求新求變的盲點；三、成功者不再繼續虛心學習；四、行業狀元只要略有閃失或懈怠，就難免不能保持領先，而被取代；五、努力不夠；六、富貴之後容易迷失，經營方向發生迷航；七、策略上發生失誤；八、成功者未能與時俱進；九、外在大環境變化快速，以往的成功反而變成包袱，成功者往往不只會原地打轉、難以突破，甚至會落後。誠哉斯言，值得台商再三咀嚼！

　　陳教授在最後一章中特別告訴台商：行業狀元一定要定期將自己歸零，成功者要能與時俱進，回到原點，才能看清自己的處境，總結

經驗再出發！他並一再提醒台商要不斷的學習以及加強人文修養，以永保企業長青！綜觀本書，是一本行業狀元教戰實用手冊，值得企業界人士人手一本，放於案頭隨時翻閱！

前立法院副院長

江丙坤

推薦序二
躍登「行業狀元」的祕笈

三十多年來的心血結晶

本書作者陳明璋教授多年來著述甚勤，且多來自實際觀察與參與企業經營的心得，每能言之有物。但眼前這一著作《贏家勝經：台商行業狀元成功祕訣》，相信更是他三十多年來對於企業經營——主要是台灣企業——的心血結晶。尤其作者曾先後任職中小企業處與陸委會，多年來對於中小企業以及大陸台商之發展、體質與動態有直接而深刻之認識，使得本書在這種經驗基礎上，有其獨到之處。

表面上，本書似乎只是一本討論企業經營之道的書，但實際上書中所提出的「行業狀元」觀念，乃是對於台灣產業發展策略，具有重要政策涵義和建議。因此討論這一問題，不免要先從企業經營大環境說起。

創新的途徑——「自創品牌」或「行業狀元」的選擇

近年來，企業追求改變與創新的論調，已譜成處處可聞的流行曲。尤其在2008年的此時，美國以及我們自己居住的台灣，都面臨更換政府領導人的重要關頭。在美國，無論哪一個總統候選人，都以強調「改變」為其競選主軸；在台灣，更無可諱言地，人們所期待於

新領導人的，更是富有創意和勇氣的「改變」。

在全球化的潮流下，企業追求改變，一個先決條件就是獲有自由開放的活動空間，方能在世界舞台上任意馳騁，大展鴻圖。然而近十餘年來，台灣企業在這方面卻遭受到兩方面主客觀的限制：一是政府的兩岸政策，對於企業的大陸投資以及兩岸交流，設有嚴格限制；再者為企業本身的能力，多年來習於承做外商代工，所追求的，乃是降低成本，提高品質和交貨準而快這些能力。事實上也因此建立起龐大的規模以及高效率的作業能力，但同樣地也難以擺脫「為人作嫁」以及「薄利化」的命運。即使目前已有少數企業成功建立本身品牌、走出不同的路，但對於為數眾多的中小企業而言，「自創品牌」卻是一條難走的路。

換言之，本書以「行業狀元」作為台灣企業所努力的境界，代表在「自創品牌」以外的另一條出路。原因在於，對於佔台灣企業百分之九十八的小企業而言，他們所服務的客戶多屬世界名牌，在此特殊背景下，要想自立門戶和這些客戶一爭高下，恐怕是件十分困難的事。因此作者很務實地對於這些為數眾多的中小企業，提出「改而追求行業狀元這條路」的建議。作者認為「只要每年有五百、一千家企業成為新的行業狀元，台灣經營發展陰霾一定可一掃而空」。

「行業狀元」的挑戰
到底「行業狀元」是怎樣的一種企業經營模式？又為什麼用「狀

元」形容這一模式？二者間究竟有何相關之處？這是一個十分有趣的問題，以科舉時代的狀元而言，一般必然是「十載寒窗」苦讀出身，最後經過皇上殿試，才能金榜題名。相較之下，今日成為「行業狀元」者，乃是歷經市場嚴酷考驗後方脫穎而出，此時擔任考官的顧客，不但人數眾多，而且各有不同的喜好、動機和能力，因此企業要成為「行業狀元」，所必須克服的困難和挑戰，較之科舉狀元恐怕是更加複雜。

這種「行業狀元」所依靠的，並非出眾文采或滿腹經綸，而是在市佔率、獲利率、品牌形象、社會貢獻、員工滿意度以及企業競爭力、創新力、學習力、專利力與成長力等各方面，都做到「卓越」或「A+」的水準。更根本地說，這種企業是靠著願景的引領和激勵，以及獨特的想法、辦法和做法，才能榮登寶座。

基本上，一企業能否稱為「產業狀元」，和產業之分類和範圍大小有關；本書就將之區分為國際狀元和國內狀元兩個層次。不過在全球化之趨勢下，除了具有濃厚地方色彩或受高度保護之產業外，只做到國內狀元，地位是十分脆弱的，也可能是暫時的。這也說明了何以像統一和海爾這種企業都必須要由國內狀元躍登為國際狀元龍頭的道理。

藍海策略下之「產業狀元」

在此必須強調，本書所謂產業不是一成不變的。尤其隨著人類生

活型態與人口結構之急劇改變，以及科技網路之跳躍發展，使得一般統計所依循的傳統分類，已和現實產業結構漸走漸遠。所謂「藍海策略」，在某種意義上，即是企業經營者從這種變動的潮流中，經由敏銳眼光和想像力，將逐漸浮現的某種新的需求擷取出來，成為一種新的產業領域，今天與生活密切相關的種種產業，如健康、休閒、睡眠或學習之類產業等，它們在傳統產業分類中是找不到的。企業一旦發現這種創新機會，並發展出獨樹一幟的經營模式，本身自然成為這種新產業中的「狀元」。這和在已有之傳統產業中，經由埋首苦幹殺出一條血路的做法，不但更有創意而且價值遠較為高。

作者根據多年來對於國內中小企業如何成為現代「行業狀元」之道深入觀察和體會，融會貫通，寫作成冊。在這方面，本書所照顧到的層面可說是十分周全。書中歸納有六個基本條件、五個營運基礎、五大競爭因素，還有決定勝負的八大DNA（第三章）；書內既談到邁向狀元之路（第二章），又指出八大失敗根源（第五章）還有保持顛峰的十大策略（第六章），可說洋洋灑灑，應有盡有。

總之，在陳教授這本著作中所提出之主張，並非泛泛之談，而是從眾多個案中歸納出他所稱之「邁向行業狀元之路」，此中自「進階論」至「嫁植論」，計有六種模式之多，誠所謂「條條大路通羅馬」。本書問世，對於實務界經營者而言，可用以結合本身之想法與做法，具有啟發與匡正之效；對於學術界而言，亦可提供構建理論模

式與架構，從中發展命題進行核驗，這種努力，對於管理理論之本土化是十分有意義和貢獻的。

元智大學講座教授、台灣評鑑協會理事長

許士軍

要懂得認輸，才會贏

台灣的企業向來努力勤奮，企業經營者與員工無論面臨何種挑戰，總是能一同攜手渡過難關，不斷追求企業所立下的願景與目標，實現創業時的夢想。而且台灣的企業總能不局限在島上有限的資源，在「世界是平的」趨勢下，為追求發展，總能勇敢跨足海外，以全球為市場，終能在各領域嶄露頭角。

此次陳明璋教授在《贏家勝經：台商行業狀元成功祕訣》乙書中，深入探討分析了要成為各個行業龍頭企業的關鍵因素，並點出決定行業狀元勝負的八大DNA，對於許多白手起家並立志要出人頭地的創業者來說，要成為行業狀元應有的性格、特質、企圖心等，相當值得參考。

我創業三十多年，當初創業時，也沒想到Acer品牌能有如今的成果，而創業過程中，的確是遭遇過許許多多的起伏與挑戰，也是在不斷克服各種困境後，才有如今的成績，在此我也與大家分享創業時要有的一些思維，作為大家在創業時的一些參考。

首先，要懂得「認輸才會贏」，在經營企業的過程中，會面臨許多問題，有時遇到狀況，必須要勇敢面對自己的決策錯誤、勇於認輸

，才能成為最後的贏家，因為真心認錯認輸，才會有進步的機會，才能重新思索問題尋找到新的出路。

其次，「不打輸不起的仗」，雖然在商場上打仗時，總是希望能贏，不過很重要的一個理念是凡事要量力而為，有多少資源做多少事，多做少做都盡力而為，就算是事情的發展不如人意，由於還保有東山再起的本錢，日後仍有機會重新出發。

此外，另一個經營企業的重要策略就是「氣要長」。特別是在創業的過程中，要注意到資金消耗的速度，一旦大於公司營運成長的速度，後續資金將無以為繼，導致創業失敗。因此企業經營的過程，對於各項的費用一定要有所節制，且不應以短期資金支應長期投資，如此才能讓創業基金能很務實地撐到企業成功時。

企業經營要能持續成功是件相當不容易的事情，本書作者也與我們分享了這些能持續成功的行業狀元，其成功的營運模式與策略，藉由站上成功者的肩膀上，希望有助於有志創業與目前努力經營企業中的您，一步步邁向行業狀元之路。

宏碁集團創辦人
施振榮

值得政府大力推動的
「行業狀元」構想

　　看《贏家勝經：台商行業狀元成功祕訣》一書，就像是面對一面鏡子，看到了許多熟悉的影像，似乎也看到了自己！我談不上是行業狀元，但書中所描寫的創業、守業過程中的種種困難，我都一一嘗過，而收穫時的欣喜心情也是難以言喻。

　　本書指出台灣的中小企業以苦幹實幹精神，創造了舉世稱奇的台灣經濟奇蹟。在中國經濟力量勃興的情勢下，我國中小企業主早在十多年前即緊抓商機，赴大陸及其他地區投資設廠，尋求成長為大企業的機會。但隨著中國和印度成為世界的製造工廠與軟體王國之後，中小企業開始面對無休止的價格競爭淘汰賽。事實上，目前許多台商已轉戰其他地區或更深入大陸內陸地區。

　　本書提醒我們，轉型升級為各企業目前最重大課題，經營者必須要劍及履及尋求解決；而從務實地實現轉型升級的理想角度來看，追求成為行業狀元，是切實可行的。

　　作者特別指出台商大多是從「利基市場」起家，利基（niche）是指中小企業見縫插針，緊緊抓住市場隙縫中的小眾，而發展出獨特

的專業生產能力，並成為市場中舉足輕重的角色，終於成為行業狀元。書中特別採訪了七位行業狀元，他們都是表現非常出色的業者，更是我平日就敬重的人士。

這七位行業狀元的起家及發展都從不同的面貌印證了陳教授的觀察和分析，如王任生董事長（東裕電器及河南省丹尼斯百貨）當年就是從小小的聖誕燈泡起家，從此一利基市場發展成為聖誕燈泡外銷大廠；在赴大陸發展的同時，又在河南省發展內銷事業，是台商中頗早做內銷的一家，他所創辦的丹尼斯百貨是河南省百貨業的龍頭。

台昇集團董事長郭山輝二十年前就選定當時還是一片荔枝林的東莞山頭，結合上下游業者一起到大陸打拚，如今台昇早已是大陸家具業的大哥大，近年來因應情勢，在大陸開設店舖，發展內銷市場。

法藍瓷總裁陳立恆從瓷器這一利基市場出發，他所開創的法藍瓷「FRANZ」品牌在短短六年之間，便與法國百年老牌柏圖瓷器（Bernardaud）、昆庭銀器（Christofle）和巴卡拉水晶（Baccarat）等引領國際時尚的翹楚，分庭抗禮、平起平坐。

皇冠集團創辦人江枝田從為世界皮件名牌大廠代工，而發展成為名牌，成為大陸高官顯要喜愛的皮件，皇冠也是極早便在大陸發展內銷市場。

華立集團董事長張瑞欽早年在台灣經營高科技材料，一直是業界

景仰的龍頭大廠，十多年前進入大陸，在北京、上海、東莞等大都市設立工廠，是大陸數一數二的高科技材料通路商。張瑞欽一語道出華立的成功之道：「華立在創立早期，就有明確的公司定位，要做有技術門檻、具附加價值的利基型產品。」

全球最大嬰兒車代工廠——明門實業董事長鄭欽明早在十多年前，即到大陸東莞設廠，除建立上下游整合的生產線、購置造價昂貴的測式設備，實地進行撞擊測試外，並在台灣、大陸和美國設立研發中心。他早已看出，單靠OEM代工非長久之計，必須積極建立創意設計能力，走上附加價值高的ODM路線。

鄭欽明最令人敬重的是，他以大愛精神創辦雅文基金會，並親自經營，誓言要在二十年內，讓台灣所有的聽損兒都聽說自如！他為實現台灣成為華語教學個案數最大的「聽覺口語法」教學基地的夢想，這十年來自掏腰包投下的金錢，逼近明門的資本額（新台幣六億八千萬元）。

雄獅董事長王文傑是台灣旅遊業的霸主，二十五年前從美加旅遊線這一利基市場出發，發展出今天的規模，近年來積極進軍中國大陸旅遊市場，從先找人才以及有系統的培育人才下手，他深切知道企業不斷的轉型、創新價值，就是靠融合能帶來各種專業知識的人才！

陳教授在書中一再強調，「行業狀元」可作為我國產業發展的具體方向，由各行各業產業公會，由其分原物料、零組件、配件，

配合原有的中心衛星廠，大家共同來追求成為各領域的行業狀元。只要每年有五百、一千家企業成為新的行業狀元，台灣經濟發展的陰霾一定可一掃而空。本人深切期盼我國政府對此一構想做進一步研究及推動！

中國大陸台灣同胞投資企業聯誼會會長、巧集集團總裁

張漢文

由小兵成主教的台商經驗

　　儘管西洋棋中的「士兵」，是一枚不起眼的棋子，除擔任護衛外，在與敵方對陣時，並不像「皇后」、「主教」、「城堡」般，可以使出橫衝、直撞、斜行等高強武功，而只能徒步與人較勁；不過，一旦它突破重圍，深入敵營大後方，則可搖身一變成為「皇后」、「主教」、「城堡」等利害角色。

　　我們數以百萬計的台商，大多有如西洋棋中的「士兵」般，從在國內不起眼的小角色，胼手胝足、一步一腳印，進而利用海外資源、運用本身獨到的營運模式，走向國際化經營，最後搖身成為「行業狀元」，甚至「世界第一」的龍頭，並讓台灣享有「經濟奇蹟」美名。

　　陳明璋教授長期執教台北大學，並擔任台北經營管理研究院基金會董事長，學術與實務兼俱，此次新書出版，一來表彰「行業狀元」，二則將其成功祕訣剖析分享，相信凡拜讀這本祕笈的經營者，不僅可以增強經營術，還能讓本身企業永保長青，並成為下一個「行業狀元」。所以，我十分樂意為他這本有價值的書為序推介，希望有更多的人能分享這本書中成功的經驗，使台灣經濟能在全球化競爭中，再創佳績。

中華民國工業總會理事長

陳武雄

推薦序六

狀元本無種，企業當自強

　　全球化的競爭下，企業經營局勢瞬息萬變，要成為各行各業的狀元，不僅需要前瞻的思維、領先的科技，也必須具有不畏艱困、逆境求勝的膽識與韌性。「企業狀元」精采刻劃台灣卓越企業家在各領域脫穎而出的真實奮鬥歷程，不僅是企業管理人自我學習成長不可錯過的好書，也是有志創業青年勵志的典範。

昱晶能源科技董事長、國光石化科技董事長

郭進財

推薦序七

台商最佳成功指南

　　每一個企業從創立、成長、茁壯到成為「產業狀元」，風光的背後，所經歷的苦心和挑戰，真是血淚斑斑！據經濟部統計，2007年全國中小企業有七十餘萬家，當年創立數為三萬九千餘家，而結束營業者也超過四萬家，即一年有6％左右的淘汰率。原來成功的背後有數不盡的辛酸和血淚。我對本書所列舉的七家產業狀元的故事非常感動，我自己也是在1998年8月參與中美矽晶的經營，同年11月創設朋程科技，對這些產業狀元的艱辛和成長的挑戰，感同身受。

　　企業要經由科技或產品的創新，良好的品質，優質的管理和勇敢面對競爭環境的挑戰，不斷的創新升級（蛻變），乃至建立品牌與通路而成為「產業的狀元」， 相信陳明璋教授的《贏家勝經：台商行業狀元成功祕訣》一書定能帶給全體台灣中小企業很好的範例和成功的指南。

中美矽晶董事長、朋程科技董事長

盧明光

推薦序八
行行出狀元的最佳實證

俗語說「行行有道，道道有門，三百六十行，行行出狀元」。事無貴賤，只要專心一致，鍥而不捨的為自己所做的事情創造出空間，且能為人們所接受，你就會成為那一行的狀元。本書中所敘之中小企業者亦復如是，描寫許多台灣企業的開創執著與打拚精神，如王任生從台灣聖誕燈王到大陸河南百貨王的轉型創新歷程；王文傑淬鍊人才、創造價值，建立雄獅旅遊王國；郭山輝逆流而上，成為世界木製家具霸主；張瑞欽掌握高科技產業機先，開創華立企業王國；從台灣出發的陳立恆創立法蘭瓷（FRANZ），重振中國陶瓷光輝；皮件大王江枝田一把火點燃創新蛻變火苗；鄭欽明追求完美，永不妥協，與全球最大嬰兒車代工廠和雅文基金會的真實故事等，都是從小做起，一步一腳印的慢慢起家，在每行業領域都有傑出表現，終於成為現代升級轉型成功的經營者。

所以，請不要慨嘆自己生不逢時，只要努力，「行行出狀元」，光明的前途在向我們招手喔！本書作者為符合廣大讀者閱讀習慣，以通俗易懂的文筆與深入淺出的闡述，並以採訪企業經營成功模式案例加以實證，使這本書有更多豐富內容，在此特別推薦有意進

入各行業的創業者或現為企業經理人作為持續自我成長與學習之參
考經營書目。

經濟部中小企業處處長

賴杉桂

推薦序九
台商脫穎而出的成長方式

　　企業經營如逆水行舟，不進則退，甚至無法生存。因此，因應環境改變、與時俱進，已成為企業要永續經營的不二法門。本書提出十個台商企業的成功營運模式，說明他們如何利用自己的競爭優勢，走向國際化經營，進而成為行業狀元。

　　作者指出要成為行業狀元，必須以「拳頭理論」培養競爭實力，追求「剩者為王」；但在此同時，要更有人文內涵，才能帶領企業人開創多元平衡的人生，保持高昂的鬥志與無限的活力，以綿延企業的生命。

　　有五種人可讀本書：中小企業負責人可讀本書，對其思考轉型升級會有新的指引；創業者可讀本書，可以找到創業成功的捷徑；大企業幹部可讀本書，才能做好獨當一面的準備；企管顧問可讀本書，來印證台商企業脫穎而出的成長模式；最後，企管學生可讀本書，透過研讀個案，增加自己對國際化經營的領悟。

前中山大學校長、國票金控董事長

劉維琪

台商成功之路的指標

　　這是一本有系統地探討台商如何力爭上游、成為行業狀元的「王者聖經」。哪個人不想超越別人,出人頭地?然而,上蒼卻彷彿只鍾愛少數人,讓他們直奔「台霸」,進駐行業翹楚的寶殿。其中的曲折奧妙,相信許多人都想探究,尤其是學企管的人,更是對它有莫大的興趣,筆者也是花了許多的心血,才能揭開台商行業狀元神祕的面紗。本書就是針對台商行業狀元的孕育形成、發展歷程以及成功的關鍵,加以深入剖析,並歸納這些不同類型的行業狀元以及其策略佈局特色,以供後人學習複製,甚至有機會創新超越。

　　國人一向喜歡創業,因此坊間對「黑手創業、白手起家」浪蕩江湖闖天下的創業者,給予很高的評價和祝福,我們也看到中國青年創業協會每年用心發掘創業新貴,加以表揚和肯定,然而創業畢竟只是企業人士事業的起點,要修煉成正果,成為行業狀元,仍有許多細膩的功夫和卓越的小步要走,這也是為什麼會出現「四分之一創業楷模失敗」的報導。他們曾經是叱咤風雲、不可一世的風雲人物,或是一代拳王,但卻禁不起競爭的煎熬相殘,終於敗下陣來,2007年年底爆發亞力山大耐不住競爭的寒冬而被迫歇業重整,就是優勝劣敗、適者生存的殘酷實例,這些失敗啟示錄在在說明,想成為行業狀元,風吹雨打寒徹骨的歷練是不可或缺的。

　　當然，行業狀元並非專利商標，受到法律與時間的保障，他必須隨時接受市場的挑戰，只要利基被人突破，或是競爭優勢不再，就要將辛苦掙來的寶座拱手讓人，也因此世界上沒有永久的第一。因此，當狀元好不容易登上王者聖殿，他就要不斷繼續開拓，尋找新世界，甚至自我否定既有的成就，一再創新轉型，改革改到痛，他才得以告訴別人，我仍是狀元。因為在狀元的世界裡，除了「冠軍」的第一名之外，並沒有屈居第二的「亞軍」，第二名就不是狀元了。問題是在動態世界的競爭社會裡，想永保狀元地位，要有幾把刷子的能耐。他要隨時與珠峰對話，和成功者有約，要挑戰自己既有的優勢成就，不斷打破舊紀錄；獲得榮耀時，他也只能高興一天或幾小時，因為江山代有才人出，一代新人換舊人的壓力如排山倒海，隨時衝到眼前，稍有閃失，狀元寶座就要拱手讓人。

　　中國古人總是說「風水輪流轉」。許多人成為行業狀元之後，就因外面的誘惑太大，開始跨足他所不熟悉的行業企圖多角化經營，或是陶醉在鎂光燈和掌聲中，不再務實下創新的苦功夫，轉而追求虛幻的榮耀。這樣，來自四方的競爭又將他打入敗部，等到他覺醒又力爭上游時，又常有「時不我予」的感嘆。其實，行業狀元的榮銜，並非天上突然掉下來的禮物，要持續不停的努力才能得此榮耀，正如中國的富、福、逼三個字，「一口田」上面加上頂，表示有房有田，是富，「一口田」旁邊有天神的保佑，就是福，當「一口田」長了腳，要你付諸實際行動，逼你努力下許多卓越的功夫，就是「逼」字，行業狀元中有哪一個不是被逼得比別人多下許多功夫的幸運兒？成功者不是常說，努力不一定會成功，但不努力絕

不可能成功嗎？

　　其實，事業有成者，大都有一個體會，當所處環境最困難的時候，就是你要快速成長的時刻，為什麼有那麼多的困難？就是因為你以前沒有做過，你也未全心全力投入心力和資源，一旦你把挑戰當作機會，把問題與困難解決之後，那麼你就能超越、成功轉型，問題是，有多少人有此超越的能耐？

　　連續獲得兩次國際電影大獎的李安，在「色‧戒」得到大獎之後，才說出他拍此片勞心勞力的程度，並不亞於「臥虎藏龍」，李安自稱拍此片差點拍掉半條命，影片殺青之後，他在香港進行後製工作，幾度頭昏眼花與身體不適，卻仍在休息片刻後，立刻繼續工作，才使「色‧戒」順利完成。像李安這樣的行業狀元，絕非浪得虛名，得獎也不是偶然的。

　　再以在世界馬拉松大賽闖出一片天的林義傑為例，林義傑並非高頭大馬、體魄強健型，反而是個瘦小黝黑的健將，而林義傑所經歷的冒險、犯難考驗，絕非常人所能想像。以一百一十一天橫越撒哈拉沙漠為例，他一天至少要跑八十公里，到後來不要說腿痠肌肉痛，連關節也因磨損而疼痛不已，要是沒有超乎常人的毅力，絕對完成不了這種考驗。我們雖不能說他的表現是空前絕後的創舉，但至少是一般人不敢嘗試的，即使有少數人鼓起勇氣去嘗試，也都是半途而廢。

　　後來，林義傑接受訪問，他說：「突破困難的要訣最主要是在心理上的堅韌度，每次突破紀錄的冒險，我都要做好心理建設與目標管理，

一旦設定好目標就要下定決心，全力以赴。」然而，中間仍有許多的考驗和猶豫，但他每遇到壓力與挫折，就會燃起熊熊的烈火鬥志，讓他硬著頭皮跑下去，也因此在馬拉松長跑的旅程中，他一再與自己積極的對話：如果放棄會後悔，他是否要繼續努力而不放棄。也因有此意志力，最後他才能如願摘下人人羨慕的桂冠。

其實，像李安、林義傑以及本書中所介紹的王任生、郭山輝……等行業狀元，他們原先出來創業，並沒有打定主意要成為該行業的第一，他們本來只期盼改變現狀，讓他們的成就動機獲得適當的實現，只是當他們一段段的突破，在幾個關鍵點上獲得意想不到的成就後，他們發現自己可以領導團隊，複製更多的成功基因，他們敢用人、與人分享，給創業夥伴更大的創新舞台，更重要的是他們持之以恆，數十年如一日的工作未曾鬆懈下來，也不敢因有一點「不小」的成就而志得意滿，而讓這些既有的成就，一而再、再而三的延續下去，也因有這種過人的憂患意識，這些由「憂」、「人」二字而成的「優」人，終於開創出令人讚嘆的事業體，而唯一不變的是他們的創業精神與創新意志，他們總希望這種風範能夠因「燃燒自己」而點燃別人。本書的撰寫，就是希望將台商這種不向惡劣環境低頭的「風吹柳動不見柳折」精神，得以流傳出去。

眾所周知，大陸台商最近因中國政府的宏觀調控政策，以及一連串包括調整加工貿易政策、實施勞動合同法、提高企業所得稅及降低退稅率等措施，而遭逢前所未有的挑戰，台商所面對的惡劣處境也是空前的

，大陸當局似乎是有計畫、有步驟的一波波挑戰台商，台商雖有抗議與請願，也改變不了大陸要淘汰弱小台商的決心，台商只有禁得起競爭和鬥爭體質者才能適存，而唯有證明有被利用價值的行業狀元台商，才能凜然挺立，也因台商的韌性與毅力是舉世少見，因此，台商行業狀元將不只限於本書所介紹者，未來將有接踵而來的行業狀元接班者。事實上，這也是筆者所殷切期待的。

　　當然，本書之付梓，絕非筆者個人之功，其間仍有不少的貴人、雅士相助，內人潘金英女士的協助與鼓勵，居功厥偉。陳啟明女士對每個行業狀元的親自採訪與個案撰寫，以及幫忙聯繫邀約出版社，亦功不可沒，她的細膩態度與流暢文筆，讓本書生色不少。另本書內容也得力於勝華科技黃董事長顯雄提供許多獨特意見，讓本書增加企業寶貴的實務經驗。而立法院江丙坤前副院長、元智講座教授許士軍教授、宏碁創辦人施振榮董事長、台企聯的張漢文總會長，在他們事業忙碌中，為文賜序，讓本書生色增輝，亦讓筆者感念不已。此外，工業總會理事長陳武雄、昱晶的郭進財董事長、中美矽晶的盧明光董事長、前中山大學校長劉維琪、中小企業處處長賴杉桂……等亦為本書撰文推薦，讓本書得以不同的角度，增加其光彩與價值，在此一併致上個人最虔敬的謝意。

2008年2月春節

陳明璋

行業狀元勃興的
五大關鍵因素

行業狀元勃興的
五大關鍵因素

「行業狀元」在近十年來已成為熱門議題，事實上台灣中小企業必須如過河卒子般勇往直前，打造自己成為行業狀元，究其原因，可從下述五大關鍵因素做探討：

一、中小企業需要轉型與升級

台灣號稱中小企業王國，中小企業以苦幹實幹、奮發突破逆境的開創精神，創造了舉世稱奇的台灣經濟奇蹟。綜觀四小龍與世界各國，有哪一個國家的經濟發展不是靠中小企業打拚的？只不過台灣與其他令人刮目相看的新興國家一樣，都是無天然資源的優勢，中小企業只有憑藉旺盛的企圖心與胼手胝足的毅力，才能創造一片天。

隨著兩岸入世，金磚四國（BRIC，即巴西、俄羅斯、印度及中國）等新興國家的崛起、數位網路的推行，各國中小企業已紛紛出走，進行對外投資，尋求大企業美夢的實現，然而隨著中國和印度成為世界的製造工廠與軟體王國，中小企業已要面對無休止的價格競爭淘汰賽。

現在的中小企業已不能再保持現狀，因為保持現況不只是落伍而已，而是將遭到淘汰出局的命運，為此，中小企業的轉型升級成為各國政

府的重大課題，也是經營者急切要解決者。為此，中小企業必須走向卓越的經營體制，行業狀元顯然就是一個明顯的出路，也是唯一必走的路，且早走、多走都比少做、晚做還好。

二、選拔表揚風氣的刺激與鼓舞

企業經營卓越就可名利雙收，作為企業負責人，哪個不希望出人頭地？被表揚肯定及得獎受封，就要有所表現。不管是小巨人、磐石獎、標竿或卓越楷模，都說明企業不能甘於平凡；要超凡入聖，成為人人羨慕的對象，就要成為行業狀元。行業狀元顯然就是一個「成功」品牌的保證，雖然並不能保證它永遠沒有被人超越取代的危機，但畢竟追求與保有行業狀元是企業一生可以追求的目標，也因之行業狀元成為一個熱門探討的對象，只要隨時代與時更新其內涵與模式，相信它仍有鼓勵企業繼續追求卓越的明確指標。

三、擺脫為人作嫁貼牌模式的困擾

過去由於內需市場小，優勢資源不多，加上直接赴國外建立通路系統與物流配銷的能力有限，台灣企業只好退而求其次，幫外商代加工，做起貼牌的OEM生意。儘管利潤微薄，但台商憑藉其良好的QCD（品質好、成本低及交期準）體制，運作也相當得心應手，也因利用外商的行銷網，而得以將產品暢銷全世界。

但中國的崛起使得台商面對更多的競爭，價格戰的陰影始終如影隨

形，相對面對外商降價的要求，以及無長期訂單保障的貼牌模式，台商極力改革振作，往提升設計能力的ODM方向發展。

然而，儘管與客戶同步共同研發，利潤卻降到5%以下，甚至像筆記型電腦利潤只有保二、保三的局面，際此，台商深知往自創品牌之路另謀發展，是早晚要走的，但畢竟路途相當坎坷。因而改追求行業狀元這條路相當可行，尤其是眾多的零組件與配件行業，他們本來就有工業品牌，只是因非消費品，而常隱名不彰。但走向行業狀元之後，因有獨特的市場區隔，未來在該區隔市場站穩後，再發展品牌，未嘗不是一條明確可行之路。

四、排除「創業唯艱，守成不易」的宿命論壓力

眾所周知，創業是一條不歸路，只有不斷的往前衝，才能保有生存及持續發展的機會。偏偏近幾年的競爭情勢是「國內市場國際化，國際市場國內化」，企業常感嘆往前開創有障礙，但守住原點更有被淘汰出局的壓力，在此節骨眼上，自不能不上不下，要有明確的發展方向，才有激勵全體員工向上奮戰的目標，成為「行業狀元」確實是相當明確的指針。不只要超越既有的競爭同業，且要隨時在品質品級及形象上領先別人，畢竟以第一名的行業狀元為奮鬥目標，就有不能鬆懈的職志。

從務實地實現轉型升級的理想角度來看，追求成為行業狀元，是切實可行的。近幾年，台商面對中國大陸的強烈競鬥，處境日漸艱辛，因之深切體認再不轉型，已無前途，甚至無退路可言。然而，中國大陸的

企業在九七金融風暴之後，看出「日韓」這種企業集團模式不可取，但卻仍鍾情於這種「數大之美」，因此，有些企業提出要媲美美國的大企業，成為「世界五百大」，甚至更有狂妄者表示：「與其進入世界五百大，不如追求營運五百年的體制。」當然，這種願景目標是可取的，問題是只有極少數的企業可能做到，因此看起來反而不切實際，倒不如追求各行各業隱形冠軍較為務實。因為在某一區隔的獨特領域裡，專精深入是較為可行，厚植實力自可幫助企業達成轉型升級的目標。

五、「行業狀元」可作為我國產業發展的具體方向

近幾年，政府提出許多偉大而不易實現的產業政策目標，如建立亞太營運中心、亞太金融中心及亞太媒體中心，每個計畫、構想均龐大誘人，但因台灣企業出走，兩岸關係又並不和諧穩定，大多數的構想因推行不易而停擺。此際，倒不如由各行各業的產業公會出面，由其分原物料、零組件、配件，配合原有的中心衛星廠，大家共同來追求成為各領域的行業狀元。只要每年有五百、一千家企業成為新的行業狀元，台灣經濟發展的陰霾一定可一掃而空。

行業狀元之探源

意義與類型

壹、前言

「哪個不想出人頭地，說起來簡單，做起來不易」，〈出人頭地〉、〈只要我長大〉這兩首伴隨許多人成長的歌，誰都會朗朗上口幾句，但這些歌詞的意含境界，竟然在大家出社會後，發揮爭第一的效果。尤其是華人社會普遍存有「寧為雞首，不為牛後」的爭先心理，「黑手創業，白手起家」成為一種時尚潮流。或許這種出人頭地，長大爭第一成為狀元郎的「上進」心態，是台灣創造經濟奇蹟的根源。而眼看著台商在創造令人稱羨的「台灣經驗」之後，又再接再厲到中國與海外尋找事業的第二春，再創另一個台灣經驗的光輝，或許與你我從小被灌輸要爭第一的「狀元」說詞，有極大的關係。

俗話說：「行行出狀元」，又說：「隔行如隔山」。其實，只要痛下功夫，就有機會脫穎而出成為行業的翹楚，而不用怕其他高人。因為隔行如隔山，每個行業都有其營運奧祕的「遊戲規則」，你只要心無旁鶩，持之以恆地堅持到底，「戲棚下站久就是你的」。

其實，行業狀元也不是平地而起或是一夕誕生的，我們常看到媒體報導某一行業狀元，或是表揚某一代表性台商的卓越成就，而恍然大悟又有一本土巨星被發掘了，但這非真實的景象，正如「羅馬並非一日造成」的道理一般，行業狀元都是經過無數的努力，克服許多的逆境挑戰，才有這麼深刻感人的成就（見圖一）。然而，這些行業狀元大多沈穩低調，不張揚、不搖擺，甚至不喜歡成為眾人注目的焦點，也因這樣，他們的輝煌戰績與營運模式不易被有系統的分析與探討。

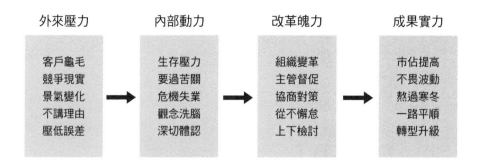

圖一　行業狀元挑戰高要求、熬成產業巨人

　　無可否認，成為行業狀元談何容易，但如進一步加以探討，就可發現「講談容易」，力行「美夢成真最難」，這也是「知易行難」的道理所在，孟子在幾千年前就說過：「天將降大任於斯人也，必先苦其心志、勞其筋骨、餓其體膚、空乏其身，行拂亂其所為，所以動心忍性，增益其所不能。」的確，要成為「行業狀元」的平凡人，如不經「一番寒徹骨」的淬鍊煎熬，哪得「梅花撲鼻香」的狀元榮寵？

　　榮膺行業狀元不易，正如要「保持第一」一樣困難，其道理如同「創業維艱，守成不易」的古訓，主要係競爭來自各方，隨著市場的擴大，行業間的原有疆域也混淆不清。尤其是數位時代網路經濟的來臨，實體與虛擬的界境更加模糊，而近幾年金磚四國崛起之後，原先的國際產業分工體系為之重解，軟、硬體的委外加工更加盛行，在情勢一再變動之下，行業的解構與重組層出不窮。因此，行業的內涵與範疇也就要重新界定。

貳、行業狀元的意義與類型

台灣是個競爭激烈的社會，我們從小就被灌輸凡事要爭先，才有生存發展的機會，得第一不但是目標，也是個榮耀，如能在德智體群各方面得到全校第一，成為「狀元郎」，不但人人羨慕，且是光耀門楣的象徵。進入社會就業之後，競爭來自各方，且無所不在，要在萬千的角逐者中脫穎而出，獨佔鰲頭，更是眾多創業者的目標。然而，「高處不勝寒」、「一山還比一山高」，儘管「行行出狀元」，各行各業皆有擂台盟主，但卻很少看到行業狀元可永續經營者，也因此，有人戲稱行業狀元是「稀有動物」。以下針對行業狀元的意義及類型加以說明：

一、何謂行業狀元

所謂「行業」過去一般即指職業，現在則以為它是有眾多同業競爭，共同爭取顧客買爺（Buyer）青睞的「產業」（industry）。由於人可從事士、農、工、商等眾多生涯職業，故中國過去有三百六十行的說法，但我們從：（1）農業、工業到知識經濟的演變，（2）從實體到虛擬，（3）從國內到國際，（4）從白天到夜晚，（5）從出生到死亡，（6）從傳統經高科技到數位化等六方面，就可看出現今行業的範疇已比過去擴大甚多，幾乎無所不在、無所不包，也因此行業除可擴充及工作職業之外，工商活動所涉及的產業，企業的（行）銷、（生）產、人（力）、（研）發、物（流）、資（訊）、總（務）、財（會）等功能活動，皆可納入。

　　狀元，簡而言之，就是第一名，有關第一名，中文有許多成語來形容，如獨佔鰲頭、鶴立雞群、傲然挺立、孤寡稱雄、一方霸主、武林盟主、鹿鼎中原、唯我獨尊、至尊幫主、世界之最、龍頭老大等。而與狀元相類似的名稱又有「廷魁」、「狀頭」、「霸主」、「盟主」等，從狀元及第的過程來看，狀元頭銜的獲得要經過一段激烈的競爭過程。科舉時代，讀書人求取功名的歷程相當辛苦，所謂「十年寒窗無人問，一舉成名天下知」，知識分子要經過許多的考試，從童生、貢生，進到縣、府攻讀，稱之為「秀才」，已是才華德行超出他人者，而進一步通過鄉郡的競爭，考取的就稱做「舉人」，考上舉人後，就有資格上京考三年一次的會試或殿試，及第者稱為進士，最後由皇帝親自面試眾進士，再選出前三名，第一名稱狀元及第，第二名為榜眼，第三名為探花，可見要成為「人上人」的狀元之難。

　　隨著工商活動的蓬勃發展，近幾年有許多表揚企業的活動，如「小巨人獎」、「創業楷模」、「傑出經理」、「磐石獎」、「戴明獎」、「卓越企業」、「標竿企業」、「國家品質獎」、「優秀財務主持人」、「總統獎」、「研發創新獎」，再加上過去表彰廠商對出口貢獻，而有「國貿局局長獎」、「經濟部長獎」、「行政院長獎」，獎目繁多、琳瑯滿目，而這些獎項的頒給，都有一個評選的過程，其要求的標準，儘管有些參差不齊，但與古代科舉時代的激烈競爭很相類，凡要入圍獲獎，皆要有「真金不怕火」的硬功夫。

　　眾所周知，「好」通常有普通、比較、最高等三等級，有如「冠軍、亞軍、季軍」之分與「金、銀、銅」的列等比較，而在模範、優

良、傑出、卓越、楷模、標竿等名稱的內涵上，也應有等第之分。正如皇帝殿試評等考生為「狀元、榜眼、探花」的過程中，學子亦需經過秀才、舉人、進士的考驗，才有資格進入決賽的殿試。因此，本書所謂的「行業狀元」所探討的對象非企業泛泛之輩，而是在市場佔有率、財務獲利率、品牌形象力、社會貢獻度、員工滿足感、企業競爭力、產品創新力、組織學習力、技術專利力及企業成長力等十方面，皆有超乎一般的表現。換言之，就是在十項指標中，都要有相當特殊的成就事蹟。

其實，行業狀元包括企業家與企業兩個面向，由於行業是指人的職業與企業銷產人發物資財等功能的組合，它是4P模式的搭配，即由企業人（people）與所提供的產品或服務（pro-service）、卓越表現過程（process）、獲得完美績效（performance）（見圖二）。因此，本文在探討行業狀元時，有時指創業者或經營者，有時則指企業整體的表現，有時則涵蓋二者在內。

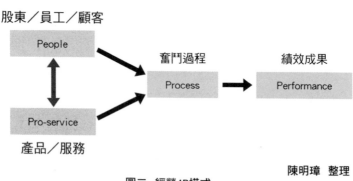

圖二　經營4P模式

陳明璋　整理

二、利基、隱形與顯形行業狀元

既然「行行出狀元」，各行各業皆有商機，因此行業狀元類型極多，亦有各種說法，其中最流行的代表為利基（niche）策略，即指：任憑弱水三千，我只取一瓢飲，擷取那最有利的基礎的利基。「利基」原是指法國人建屋時，在外牆鑿出一個不大的神龕，供放聖母瑪利亞，後來亦指懸崖上的石縫，當人們登山時，要借助這些微小的隙縫作為支撐點向上攀登；故利基策略常指中小企業在發展過程中，探尋一夠大的區隔市場，以己之長尋求「利基」稱王。換言之，就是「不在大池中當小魚」，而是「在小池中當大魚」的策略。因此，也有人稱此為角落企業（corner business）策略，或是草根狀元（詳見圖三、四、五）。

「隱形冠軍」一詞是由德國學者Hermann Simon首先提出，無可否認，很少有企業一開始就揚名立萬，成為行業的顯形冠軍。當然，亦有在創業之初就立志要成為世界第一的行業狀元，但從務實面來看，先求生存再求發展是一般的通則，故表現卓越的企業逐漸由隱形走上顯形冠軍應是常態，而且轉變亦有一定的過程，需要下功夫與時間的配合。有關台商如何從隱形走上顯形冠軍的歷程，在第三章中有深入探討。

圖三
草根狀元——他們沒有富爸爸、也沒有高學歷，但發誓要出人頭地！

草根出身	立志脫貧	努力十倍	人生哲理
沒富爸爸呵護提攜 沒有顯赫傲人學歷 小撿木材放牛羊 貧窮是他們的本色 台灣大學社會系畢 修大學修不到學分 夏天賣冰冬賣湯圓	抓住每個學習機會 調酒煮咖啡樣樣來 不斷磨難屢敗屢戰 創業才能脫貧致富 拒絕沈淪出人頭地 哪裡跌倒哪裡爬起 發願買賓士停門口	小紙片記讀書心得 先學做人再做生意 看人臉色腰彎得低 滾滾紅塵扎實修課 輸人不輸陣的要求 壓利潤讓顧客滿意 實戰戰敗買社會財	名片頭銜其實很俗 人只有計較不能信 多留退路給人人情 帶人帶心先存後提 要看他老婆缺什麼 讓員工入股一起拚 用三瓢水精神泡茶

圖四 草根狀元的創業智慧 陳明璋參考《商業週刊》整理

競泰號碼鎖

讓零件能和諧運作
從傳統轉到高科技
不斷改良研發專利
參展買樣品求突破
產品配合流行文化
造漂亮有品味的鎖
引新科技造基因鎖
聘專利師建資料庫
包裝突破眼界限制

瀚歆撞球台

跑遍世界訪名買主
分散市場掌握客源
搭電影聲勢的便車
人際網路組合產品
從核心延伸新產品
高技術為整合服務
建中衛命運共同體
超市的整合採購商

成功核心

抓住需求種種變化
研發設計與時精進
抓住流行科技時潮
專注累積優勢基礎
傾聽關心顧客需求
人際網路整合服務
市場上不可替代者
不斷給顧客增新值

殺價賣最便宜商品
專注本業不多角化
引進新知便利顧客
堅強資訊科技輔助
衛星通訊掌握動態
人的作為才是核心
科技投資紮根管理
最低折扣實現承諾

沃爾瑪百貨

貼心的產品與服務
從鋁製到合金科技
簡單化更專業聚焦
研產銷服務全都吃
設立學校培養師傅
技術授權連鎖配銷
定期蒐集顧客資訊
徹底研發累積優勢

德林義肢

圖五 從中小成巨人的角落企業 陳明璋整理　參考《商周》766

　　利基企業是從核心擴張（profit from the core）的企業，它們從「零基」開始，因有強大的發掘市場的「有飢」精神，因此能迅速找需求「趁機」（虛）而入，而在明確的利基定位下積極開拓、創造「業績」，最後終於創造「奇蹟」，而成為行業狀元（詳見圖六）。

零基	有飢（機）	趁機（虛）	利基	業績	奇跡
從頭開始 無中生有 不穿鞋子 創新產品	潛在市場 有購買力 發掘需求 示範效果	趁虛而入 搭便車行 造勢尋機 虛擬成真	定位明確 堅持專業 關鍵技術 累積優勢	積極開拓 創新成果 成者為王 登上寶座	美夢成真 不凡成果 楷模典範 人人羨慕

陳明璋參考《商業週刊》整理

圖六 從零基到奇蹟成為行業狀元的歷程

　　企業經營有如逆水行舟，不進則退，因此行業狀元，除了隱形狀元之外，由於業務擴展的需要，它也會由零件與配件變成組件，組件再成模組，最後組裝成品。在此蛻變的過程，它也逐漸由幫人代工與加工的貼牌模式，轉變為創牌（OBM）模式，加上企業的規模與形象知名度到了某一限度，不可能沒沒無聞；或列名國內與兩岸三地的千大、兩千大、五百大及百大排行榜，或自動、被動參加各種卓越、傑出、標竿企業的選拔，或進入世界大企業的排名。這些都會讓企業由幕後走向台前，儘管隱形狀元的本質還在，然而，它已逐漸由本地型企業變成區域型或洲際型，甚至是世界性的企業。這時，隱形冠軍就成為顯形冠軍，如

台塑、鴻海、台積電、統一及華碩等企業，當然其中亦有被封為股王的利基型企業。

顯形冠軍與隱形冠軍當然有所區別，顯形冠軍一般是需要廣告促銷的成品，且是產業代表，具有國家形象地位，而在世界市場佔前三名以內的優勢者。然而，顯形也不一定是創牌者，如走知識加工的台積電與聯電，即由隱形轉為顯形行業龍頭。

無可否認，很少有企業一開始就揚名立萬，成為行業的顯形冠軍。當然，亦有在創業之初就立志要成為世界第一的行業狀元，但從務實面來看，先求生存再求發展是一般的通則，故企業由於表現卓越，由隱形走上顯形冠軍應是常態，而且轉變亦有一定的過程，需要下功夫與時間的配合。

綜上分析，可知不管是隱形或顯形狀元，都需經過磨練再進級的過程，這些過程包括：（1）成本競爭，（2）客戶挑剔，（3）創新壓力，（4）模組擴散，（5）同業競合，（6）自我提升及（7）質感考驗等（詳見圖七）。但由隱形登上顯形狀元亦不容易，因為不只是面對「人怕出名豬怕肥」的壓力而已，同時還有格局與發展方向的大問題。改變行業狀元的屬性的確是個基本路線的選擇，其間不只是要耗費心力，同時也要付出必要的代價。

不管是顯形與隱形狀元，筆者認為它應具備以下八大特質，即：（1）具有獨特的營運模式，（2）在利基市場有獨特的優勢，（3）內部有卓越的管理制度配合，（4）在市場佔有規模經濟優勢，（5）管理深

入專精細緻，（6）不斷創新，構建進入障礙，（7）擁有智慧財產權的保障，（8）策略靈活，統合各地的優勢資源。

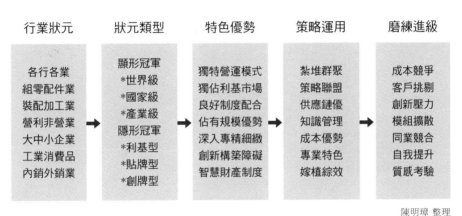

陳明璋 整理

圖七　行業狀元的特色與策略進級

第一部

狀元的誕生及成長

第 1 章
孕育行業狀元的環境

人們常說：羅馬不是一天造成的，要成為行業狀元自然也有其相對條件；台灣的經濟經過多年發展，已具有相當根基，過去，我們曾有相當多的產品號稱世界第一，可惜因產業發展環境轉變，這些世界第一的產品已外移至中國大陸生產，變成世界第一的中國產品。然而我們畢竟走過這些路，優勢的條件與基礎仍在。以下分成總體產業與個體企業面來加以說明。

發展行業狀元的產業基礎

台灣在不同的發展階段皆有其獨特的代表性產品，這些產品都有行業狀元為基礎。當然，這些成就必然有配套條件相支撐。如圖八所示，1971～1980年代，台灣產業主要產品為鞋、拆船和燈飾業；1981～1990年代，主要代表產品為網球拍、自行車、ABS樹脂及監視器；1991～1999年代，主要代表產品為PU合成皮、聚酯絲及主機板；2000～2004年，就是NB、IC封裝、LCD監視器、PDA及網路卡等。從其發展過程，可看出我國已由農業經濟的原料取向，經過工業經濟的資料導向，邁向知識經濟的資訊與知識導向，其過程則由低技術的勞力密集產業，走向資金、高技術及知識密集業；未來顯然需要新的營運模式，行業狀元也是其中更可發展的方向。

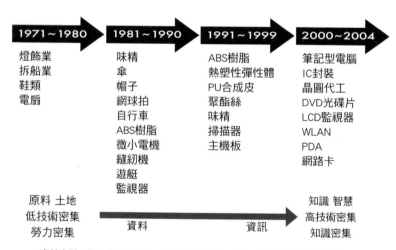

資料來源：整理自ITIS計畫，《天下雜誌》2004年1月號，轉引用龔明鑫，2004

圖八　台灣產業不同時期之主要代表性產品

如從麥可・波特（Michael Porter）所提出的經濟發展階段來看（參見表一），第一階段是資源導向（農業）經濟，主要競爭來源是要素成本，憑藉著低工資與自然資源，引進技術和仿製、改造進口品而成長；第二階段則是投資導向（工業）經濟，主要的競爭力來源是效率，憑藉標準化、專業化和制度化的推動、管理效率的提升以及技術的研發改善，並以代工貼牌OEM模式而發展；第三階段則是創新導向（知識）經濟，其競爭力的主要來源是獨特性，憑藉著創新機制的建立和誘因，使產業垂直整合而走向全球化經營，企業則強調獨特性與差異化為其發展策略。

表 一 波特經濟發展三階段論及其競爭力來源

資源導向經濟 （要素成本）	投資導向經濟 （效率）	創新導向經濟 （獨特性）
1.低工資與自然資源 2.技術來自外商引進與模仿進口品 3.產業集中於勞力與資源密集製造業 4.對於世界景氣循環、匯率及商品物價變動十分敏感	1.標準化產品與服務 2.大量投資於基礎建設 3.營造親商環境以提升生產力 4.技術來自海外授權，共同投資，外商引進以及模仿仿製 5.不僅吸收外國技術還能夠加以改良 6.為OEM服務並發展自己的客戶 7.集中在製造業與外包服務	1.以最先進的方法與技術創新的產品與服務 2.產業群聚既垂直深化發展且水平橫向發展 3.良好的創新機制與誘因 4.企業發展為全球型企業 5.企業策略強調獨特性 6.相當高比例的服務業 7.對於外來衝擊較有彈性，恢復快

資料來源：Michael Porter 及龔明鑫

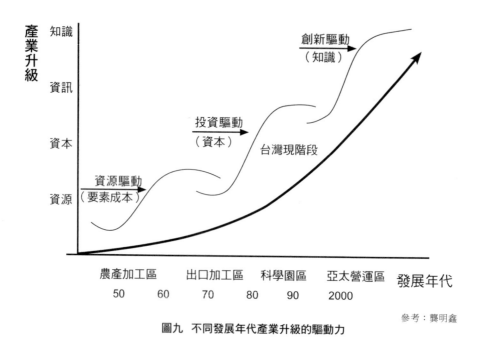

圖九　不同發展年代產業升級的驅動力

參考：龔明鑫

　　圖九更指出台灣從50年代的農業加工區，經過70、80年代的出口加工區，到90年代的科學園區，以及2000年以後的亞太營運區；過去產業升級主要是靠要素成本的資源驅動、加工資本的投資驅動，現在則進級到以知識為基礎的創新驅動階段。很顯然，有這三種驅動力為基礎，產業升級才有可能，未來走向行業狀元的發展，都必須利用三大驅動力為基礎。

　　目前台灣產業的推動主要有四個重點（見圖十），即：（1）促進傳統產業升級，包括運動休閒產業、高效率電動車、輕金屬、高級材料、保健機能性產品等；（2）推動新興服務業，計有生活、流通、資訊及研發等四種服務業；（3）推動新興產業發展，涵蓋生物技術、數

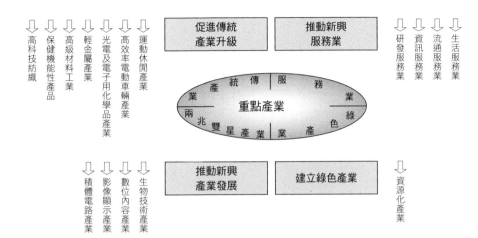

促進傳統產業升級　　推動新興服務業

高科技紡織　保健機能性產品　高級材料工業　輕金屬產業　光電及電子用化學品產業　高效率電動車輛產業　運動休閒產業

研發服務業　資訊服務業　流通服務業　生活服務業

重點產業
傳統產業　服務業　兩兆雙星產業　綠色產業

積體電路產業　影像顯示產業　數位內容產業　生物技術產業

推動新興產業發展　　建立綠色產業

資源化產業

圖十　台灣當前推動之代表性重點產業　　　　參考：陳昭義

發展定位之考量因素　　目標　　支援體系

利用台灣的區位優勢，產生核心效應

積極投入研發創新

掌握台灣產業知識化優勢，加強扶植新興產業

運用台灣具備完整製造業體系之優勢，發揮供應鏈網路功能

利用台灣的區位優勢，產生核心效應

產業國際資源的開發與應用

發展高附加價值產業

建設創新研發基地

建立持續投資機制

規劃全球佈局

運用知識管理IT工具

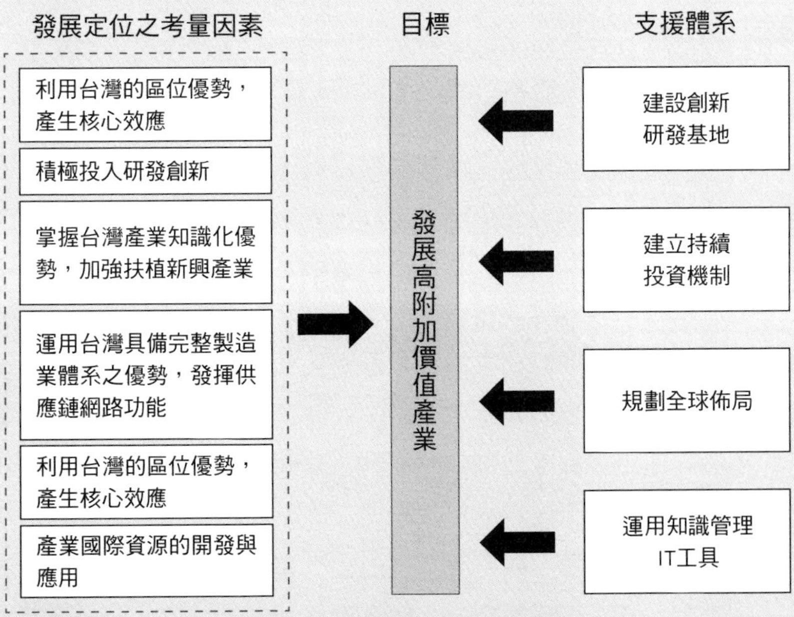

圖十一　台灣產業未來發展策略　　　　參考：陳昭義

位內容、影像顯示及積體電路等四大產業；（4）建立綠色產業，加速發展資源化產業。從這四大重點，可知如能選擇某些產業內的企業，加以培養使其成為行業狀元，效果將更佳。

　　未來若要發展高附加值產業，需要考慮五大定位要素，並建立四大支援體系（見圖十一）。有了這些基礎建設，推動行業狀元才較為容易，也快速些。

發展行業狀元的企業基礎

　　發展行業狀元並非一蹴可就，除了要有產業基礎相配合外，企業自身亦需具備發展條件，這是根本的必要條件，有了充分的配合條件，行業狀元的推動才能事半而功倍。

　　眾所周知，台灣企業能在全球商貿競爭中佔有一席之地（甚至有許多的冠軍隱身其中，正所謂小隱隱於野、大隱隱於市），是有其競爭力基礎的（見圖十二）。過去，我們憑藉著便宜的勞力，大家勤奮工作，努力降低成本以求合理化，整個社會重視教育，積極培育人才，並有旺盛的創業精神。現在則靠務實的實作訓練與執行力、便宜而又有生產力的工程師腦力，在激烈的競爭中成長，同時還要快速做決策。領導者在第一線走動管理，掌握靈活彈性的脈動，隨時因應市場新需求、標榜以客為尊的做法，才創下現有的經濟格局。未來顯然要以創新來增加價值，積極提高品質與品級，做好服務與配銷，建立好的企業形象與品牌，重視終生學習，強化策略聯盟，才能有更好的升級基礎。至於創新方向

，顯然有六種途徑，即科技、產品、行銷、服務、供應鏈及經營模式的創新等，如能做到這些地步，行業狀元的培養就可水到渠成。

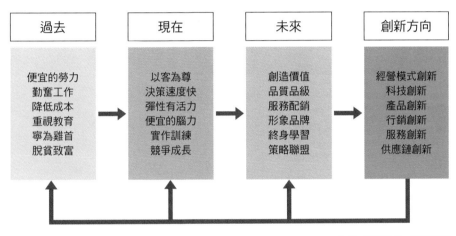

參考：聯網組織／施振榮著
陳明璋 整理

圖十二　台灣企業的競爭力基礎

　　從台灣企業的發展歷程來看，可知台商的企管經驗分為五種，包括台灣經驗、日本經驗、美國經驗、中國經驗及海外經驗等（詳見圖十三），從這些內涵來看，台商在每個階段皆努力吸收、消化來自各地的管理經驗。從早期的本土經驗，中期的美商、日商管理經驗，加上90年代開始到當今的中國和海外經驗，可看出台商企管經驗已經由內而外，而呈多元化面貌。今天台商想進步、要培養更多的行業狀元，這些經驗的淬鍊整合不可或缺（詳見圖十四）。

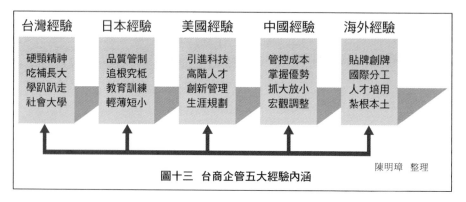

台灣經驗	日本經驗	美國經驗	中國經驗	海外經驗
硬頸精神 吃補長大 學趴趴走 社會大學	品質管制 追根究柢 教育訓練 輕薄短小	引進科技 高階人才 創新管理 生涯規劃	管控成本 掌握優勢 抓大放小 宏觀調整	貼牌創牌 國際分工 人才培用 紮根本土

陳明璋 整理

圖十三 台商企管五大經驗內涵

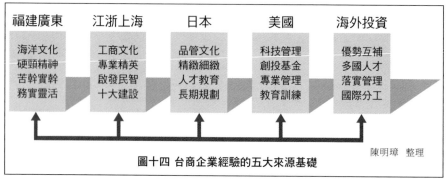

福建廣東	江浙上海	日本	美國	海外投資
海洋文化 硬頸精神 苦幹實幹 務實靈活	工商文化 專業精英 啟發民智 十大建設	品管文化 精緻細緻 人才教育 長期規劃	科技管理 創投基金 專業管理 教育訓練	優勢互補 多國人才 落實管理 國際分工

陳明璋 整理

圖十四 台商企業經驗的五大來源基礎

　　其實，台商至今已經從本土出發，到海外投資，中間經過轉進東南亞，再到中國創造第二春，一直到現在，開始有人回流，返鄉再創業；這些階段性的發展，本來就有不同時空背景（詳見圖十五），但從趨勢發展來看，台商的經營力與管理水準卻不斷地與時俱進，並求更新。台商的經驗視野已與昔日不同，我們不能再視之為本土阿蒙，而要以新的視野來評斷他們。從回歸返鄉的四十六個台商案例，可明顯看出他們見過世面，也懂得利用台灣本土與海外的天然稟賦和優勢資源。

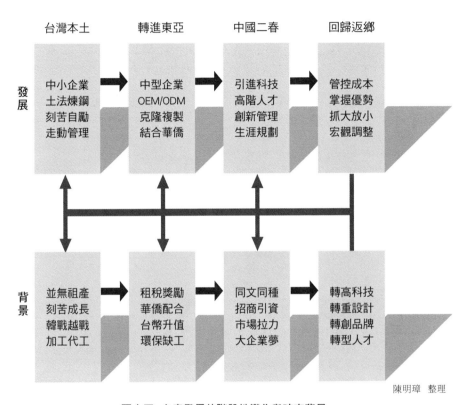

圖十五 台商發展的階段性變化與時空背景

　　台灣現有的本土優勢，如工研院可提供技術力升級，各大學相關科系可幫助設計力提升，專家學者可協助自創品牌，專業財團法人可幫忙建立品管標準，經濟部可輔導其知識創造力的發揮，同時還可利用工業區來組合其利基優勢（見圖十六）。事實上，台商要成為行業狀元，確實有這些途徑基礎可資利用。

　　總之，要成為行業狀元，必須將產業面與企業面的雙元基礎加以整合，缺任何一面都難為功。

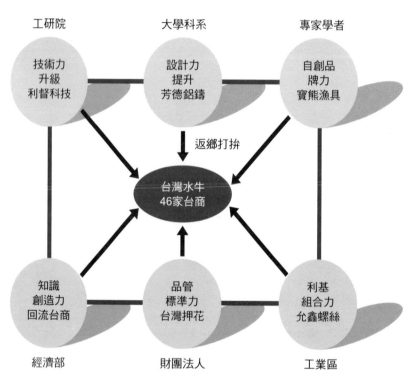

陳明璋　整理

圖十六　台商回流創新再造生機

第2章
邁向行業狀元之路

不痛下功夫絕對成不了行業狀元；但痛下功夫，卻不一定能成為行業狀元，它還需打許多「沒完沒了」的仗，因為一山還比一山高，打完擂台賽成為武林盟主，並不能稱霸險惡的企業「江湖」，正所謂江山代有才人出，行業狀元不可能控制環境，永遠排除挑戰，且也只有越戰越勇，才能保有寶座，基業長青。而升級的觀念永無止境，因此，要成為行業狀元就有許多的論說，計有進級論、創新論、知識論、演進論、觀山論、嫁植論等六種理論基礎，這些論說就如同一張張的道路說明書，可以引領我們快速邁向行業狀元之路。

進級論或階段論

　　一般所謂進級就是指今天比昨天好，明天比今天好，天天有進步之稱，也就是隨時都在精進改善，亦有如爬樓梯，越爬越高，打破自己或別人的紀錄。這種積極向上的進取精神，最有名的就是A. Maslow的五種需求層次理論，依此理論，日本的企業家土屋公三提出企業欲望五階段，即：開始創業時防止倒閉的生理需要，接著是追求利潤的安全需要，第三是尋求同業與社會肯定的歸屬感需要，第四層則是超越群倫，追求業界第一的自尊需要，最後才是達成企業使命感，成為行業狀元（世界第一）的自我實現需要。

　　筆者將第四層的尊嚴需要改為業界前三名，而將業界與世界第一改為自我實現；並輔以王國維《人間詞話》中所說的三境界，從初始的「昨夜西風凋碧樹，獨上高樓，望盡天涯路」的辛苦孤獨階段，接著是「衣帶漸寬終不悔，為伊消得人憔悴」竭盡心力的努力階段，最後是「眾裡尋他千百度，驀然回首，那人卻在燈火闌珊處」那種苦盡甘來獲得成就的心境，來描述創業的三境界（見圖十七），亦在說明這種進級之美。

　　同樣，企業追求突破成長亦屬進級論的一種，美麗的行業狀元曼都賴董事長以「天蠶再變」描述其成長演進的過程，從單店→名店→多店→連鎖店→品牌連鎖店→國際品牌店（見圖十八），這種不斷提升企業格局而成行業狀元的成就。研究者范楝與曹建偉以人為封閉循環，企業為開放循環，這種觀點與A. Maslow的需求層次理論，有同工之妙，他倆所指述的第一階段為創業生存，第二階段為競爭中保全自己，第三階

段為穩定成長拓展商機,第四階段是成為商業生態中不可取代的一員,
實現第一個長大循環,接著再做第二境界的長大循環(見圖十九)。

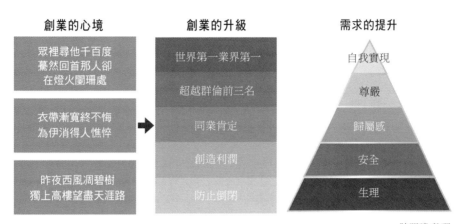

圖十七 創業的升級與心境素養

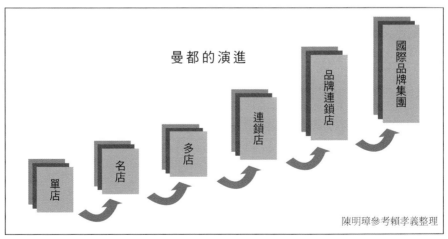

圖十八 曼都天蠶再變

圖十九	人才、企業不同的循環特性
人需要的封閉循環	**公司長大的開放循環**
生理的需要	創業起步並且生存下去
安全的需要	在激烈的市場競爭中保全自己
社交的需要	穩定成長並且拓展更多商機關係
受尊敬的需要	在所處商業生態中的價值不可替代
自我實現的需要	實現第一個長大循環
結論：由低走向最高境界	繼續第二個境界長大循環

來源：范棟、曹建偉，2003

　　其實，這種成長進級與企業追求獨立自主的發展階段息息相關（見圖二十）。企業一開始要依強，附著在中衛體系內當小核心，接著成為勢利眼的西瓜派，改良OEM（代工貼牌），做中衛體系成員，其後扮演融強的角色，生產OEM／ODM（設計加工）產品，與主流盟主相容，再進一步，就採聯強作為的聯合同／異業、結盟交流，另謀發展自建中衛體系，接下來則走向自強的局面，自成體系招兵買馬，歡迎中小企業來加盟，且發展自創品牌（OBM），成為最強的行業狀元，此時採用的策略有購併、壓制競爭者，且掌握產業遊戲規則的制定權，換言之，這六個階段是依一定的脈絡在逐步升級中。

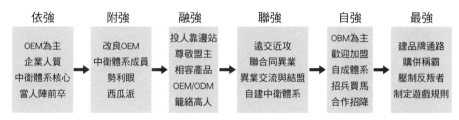

依強	附強	融強	聯強	自強	最強
OEM為主 企業人質 中衛體系核心 當人陣前卒	改良OEM 中衛體系成員 勢利眼 西瓜派	投人靠邊站 尊敬盟主 相容產品 OEM/ODM 籠絡高人	遠交近攻 聯合同異業 異業交流與結盟 自建中衛體系	OBM為主 歡迎加盟 自成體系 招兵買馬 合作招降	建品牌通路 購併稱霸 壓制反叛者 制定遊戲規則

圖二十　企業發展階段與獨立自主的關係　　　　陳明璋　整理

　　企業進級論，其實就是企業的發展階段論，同樣的模式則有象棋管理的四階段發展，即兵卒階段的人（情）治，到建立制度規範以俥傌炮分工合作的法治階段，再進而帥仕相階段，建立企業文化的理（念）治，最後才進入以共識團隊互助的共治階段（見圖二十一）。此四階段與創業發展到永續經營的4R模式，又有相互印證之妙，企業由創業鹿鼎的革命階段（revolution），進到守成發展的革新階段（renewal），再到成王敗寇的見真章的成果階段（result），最後則是求未來永續經營的境界（recurrence）（見圖二十二），如有這樣的發展，企業成為行業狀元並

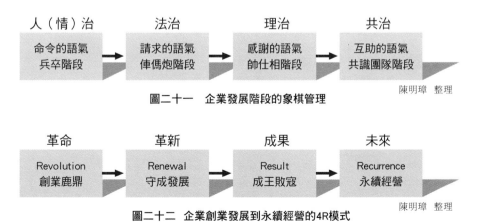

人（情）治	法治	理治	共治
命令的語氣 兵卒階段	請求的語氣 俥傌炮階段	感謝的語氣 帥仕相階段	互助的語氣 共識團隊階段

圖二十一　企業發展階段的象棋管理　　　　陳明璋　整理

革命	革新	成果	未來
Revolution 創業鹿鼎	Renewal 守成發展	Result 成王敗寇	Recurrence 永續經營

圖二十二　企業創業發展到永續經營的4R模式　　　　陳明璋　整理

最多段的進級論則是從產品的屬性與範疇的擴展來看，由工廠生產出來的製品成為顧客喜歡的商品，進而成為附屬主流有輔助功能的贈品，甚至成為圓潤人際關係的禮品，再到成為相輔相成整體互助的套裝品，以及顧客喜歡參與、能隨意組合的自己動手做（DIY）產品，最後成為有人文內涵與品牌形象的文化品，以及有收藏價值、獨特創作品味的藝術品，這前後九段的排列組合，其實也是企業成為行業狀元可資運用的方向，組合運用越多，企業必然可突破成長，加速成為行業狀元（見圖二十三）。

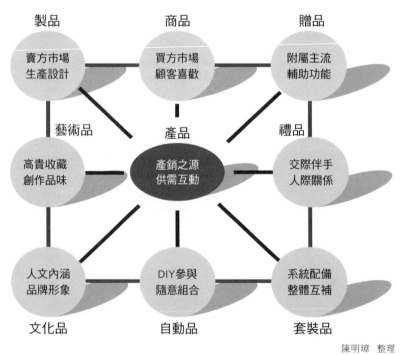

陳明璋　整理

圖二十三　產品的多元家族與發展的無限空間

最後，從圖二十四——企業人生所追求的進級之美，可看出企業有許多
方向可尋求升級而成行業狀元，即：產品從無→有→好→精→美；經營策略
由生存→穩定→成長→突破→升級；品質由品質→品級→品牌→品味；經營
模式可由勞力→技術→資本→知識→智慧密集。另圖二十五亦指出，可從：
產業→模式→組裝→市場及四品來進級成為行業狀元。

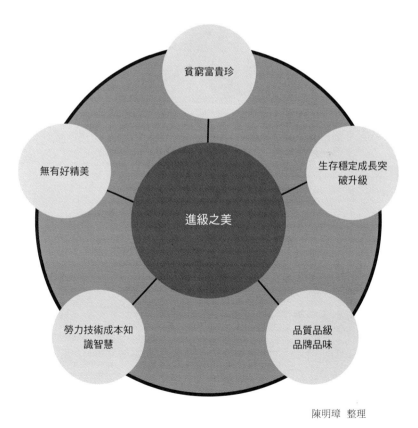

陳明璋　整理

圖二十四　企業人生追求的進級之美

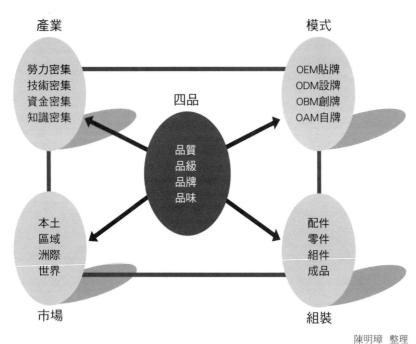

陳明璋 整理

圖二十五 企業成行業狀元的進級表現

由上可知，進級論應是企業成為行業狀元最有效且最多人採取的途徑。

創新論

所謂創新，就是改變現狀的作為，這種顛覆傳統，另闢蹊徑的思維，常令產業既得利益的守成者措手不及，在想不到、看不到、看不起、看不懂、學不會及打不過的變動中失去先機，而讓後進者趁機蠶食坐大，成為新的行業狀元（見圖二十六）。

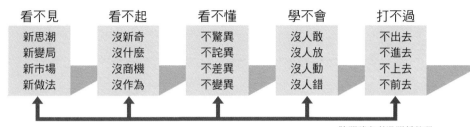

圖二十六　掌權者失去先機的五部曲

陳明璋參考湯明哲整理

　　無可否認，創新是不容易的，但因競爭與生存發展的壓力，企業界為求突破，只好使出渾身解數，尋求創新機會，甚至連守成者也被迫採取維持性策略，把更好的產品帶到現存的市場上。然而，管理學者克里斯汀生等卻提出兩種破壞性創新，使守成者被迫退出市場，最後破產消失（見圖二十七）。此即：（1）低階市場的破壞性創新，新銳企業以更低的成本模式，爭取被過度服務的顧客，如折扣零售業與小型鋼鐵業的作為；（2）創造新市場的破壞性創新，新進者以此爭取尚未消費與滿足的顧客，如行動電話、個人電腦及數位相機等。

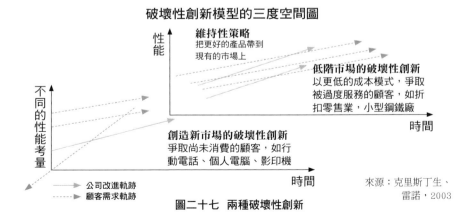

圖二十七　兩種破壞性創新

來源：克里斯丁生、雷諾，2003

　　其實，創新並不是無中生有，而是「青出於藍而勝於藍」的「溫故知新」的功夫，它是一種改變現狀、推陳出新的作為，因此是一種學→破→立的功夫（圖二十八），也是一種守→破→離的表現，首先是學習模仿既有的體制，因此是一種緊守原道的素養，有如剛開始創業當家，幫人貼牌代工，努力做好QCD（品質、成本、交貨期）三工作，所作所為類似其貌不揚的毛毛蟲，難能誇耀有何特別之處，但進一步就要破本再生，除QCD外又加S，S即服務（service），企業開始兼業多角化，增加新的設牌（ODM）與開發新產品功能，此時已由毛毛蟲結成蛹，雖有業績表現，但尚不足自立，最後走向自立自強的地步，換言之，就要分離創新，走自己的路，此時開始到海外投資，走國際化的路線，且以價值、創新、速度（Value、Innovation、Speed，簡稱VIS）為其營運模式，這時已是豔麗動人的蝴蝶，在海闊天空的市場上馳騁，而成為行業狀元（詳見圖二十九）。

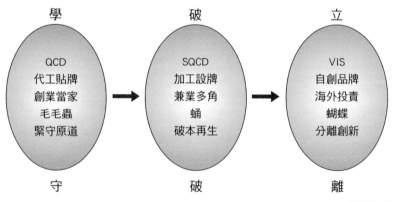

陳明璋　整理

圖二十八　台商學（守）、破、立（離）階段的發展

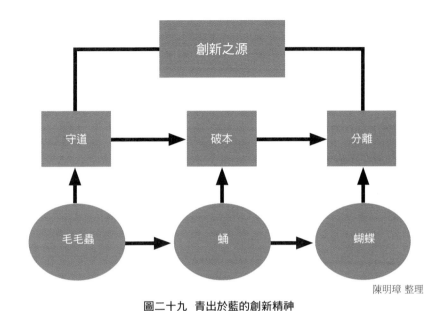

圖二十九　青出於藍的創新精神

再從企業（產品）生命週期來看，隨著競爭的日益白熱化，創新轉型是一條必走之路，從「人無我有」（新產品）→到「人有我好」（品質）→人好我優（品級）→人優我廉（價低）→人廉我新（設計）→人新我奇（樣式、規格、功能）→人奇我廣（產品與市場）→人廣我全（產品線），從無到有、好、優、廉、新、奇、廣、全，可看出企業產品品質、品級、品牌及品味上有無限的發展空間可資運用與組合，企業如能隨生命週期的進展逐步創新，登上行業狀元自是必然（詳見圖三十）。

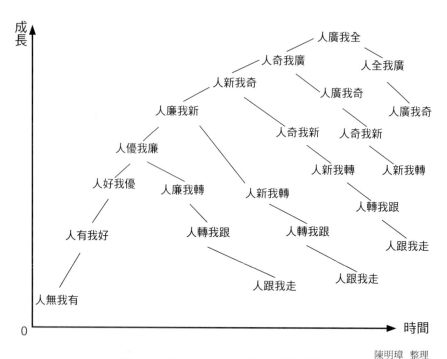

陳明璋 整理

圖三十　企業生命週期與競爭創新轉型策略

　　從工業經濟進入知識經濟社會，「變」已成創新最大的來源，也因此產生各式各樣的行業狀元，圖三十一指出有：（1）產品、（2）行銷、（3）服務、（4）科技、（5）供應鏈、（6）經營模式等六種創新模式，可以顯性和隱性地增加顧客的價值。而這些不配合當道，與主流不同的新作為，自然帶來產業的革命與革新，加上創新有六種明確的新途徑：（1）從製造到服務的創新、（2）從產品到系統的創新、（3）從流程到文化的創新、（4）從位置到腦袋的創新、（5）從短期到長

期的創新、（6）從制度到速度的創新，在這種氣氛下，就有許多包括國內的智冠、生活工場、敦陽科技與國外的北歐與西南航空等企業，大膽採用（1）管理、（2）服務、（3）市場、（4）品牌、（5）文化及（6）策略等六種創新。儘管這些創新作為有其配合要件和障礙存在，但不可否認，凡積極改變創新者，皆可能成為新的行業狀元。創新是時代趨勢，未來自是大有可為，因此新的行業狀元大都來自創新。

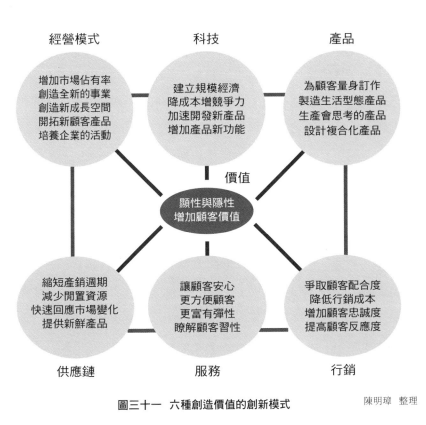

經營模式

增加市場佔有率
創造全新的事業
創造新成長空間
開拓新顧客產品
培養企業的活動

科技

建立規模經濟
降成本增競爭力
加速開發新產品
增加產品新功能

產品

為顧客量身訂作
製造生活型態產品
生產會思考的產品
設計複合化產品

價值

顯性與隱性
增加顧客價值

縮短產銷週期
減少閒置資源
快速回應市場變化
提供新鮮產品

讓顧客安心
更方便顧客
更富有彈性
暸解顧客習性

爭取顧客配合度
降低行銷成本
增加顧客忠誠度
提高顧客反應度

供應鏈

服務

行銷

圖三十一　六種創造價值的創新模式

陳明璋　整理

知識論

知識本是帶動產業進步最重要的動力與來源，並非在號稱為知識經濟社會的現今才是最重要的，只不過，隨著教育訓練的普及和推廣，以及人們熱衷研發，將「常識」進一步變成「知識」，知識才能成為培育行業狀元的推手。

過去，我們一向不重視專業，因此經常只有理念而不重視執行，所謂「行百里者半九十」，甚至有走到九十九，只差臨門一腳，卻也還是一事無成。很多人愛做半吊子決策，不設計配套，大家總是習慣做「人云亦云」的泛泛討論，卻少有「追根究柢，止於至善」的細膩功夫。其實，你知我知，大家都知道的是常識，卻不知八十的常識，要加二十的專業知識，才能成為企業的競爭利器。所幸企業在競爭壓力與快速決策的背景下，已做了不少調整，要求做什麼像什麼的專業，且要力行貫徹的執行力，而在「事在人為，功在追蹤」的改革下，已呈現精益求精，而比別人多做一二的力行者，充分運用其知識的競爭力量，逐漸嶄露頭角，成為行業狀元（見圖三十二）。

事實上，只有要求專業，才能將常識變知識，且因具備別人所沒有的見識，商機才會上門，否則只有替人作嫁，賺辛苦錢，從國內外大大小小的實例，可發現應用知識成為業界頂尖高手的狀元已不是夢，如國際知名的顧問大前研一，或國內經營餐飲的馥園楊媽、斐瑟林錦惠、美語吳美君、金飾謝淑英、統一詹昌憲、亂講王偉忠、啤酒施麗茲，以及將夜市小店的台灣味，走國際而全球賺錢，這些新銳的行業狀元，說真的，並沒有什麼特別，如有，只是比別人盡心盡力，將管理加以標準作

業化（SOP）而已，他們只是將「知識就是財富」的道理，加以行動化罷了（詳見圖三十三）。

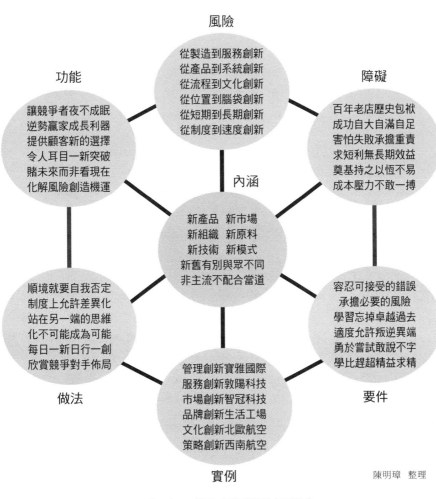

圖三十二　變中求勝求強的創新作為

陳明璋　整理

風險

從製造到服務創新
從產品到系統創新
從流程到文化創新
從位置到腦袋創新
從短期到長期創新
從制度到速度創新

功能

讓競爭者夜不成眠
逆勢贏家成長利器
提供顧客新的選擇
令人耳目一新突破
賭未來而非看現在
化解風險創造機運

障礙

百年老店歷史包袱
成功自大自滿自足
害怕失敗承擔重責
求短利無長期效益
奠基持之以恆不易
成本壓力不敢一搏

內涵

新產品　新市場
新組織　新原料
新技術　新模式
新舊有別與眾不同
非主流不配合當道

做法

順境就要自我否定
制度上允許差異化
站在另一端的思維
化不可能成為可能
每日一新日行一創
欣賞競爭對手佈局

要件

容忍可接受的錯誤
承擔必要的風險
學習忘掉卓越過去
適度允許叛逆異端
勇於嘗試敢說不字
學比趕超精益求精

實例

管理創新寶雅國際
服務創新敦陽科技
市場創新智冠科技
品牌創新生活工場
文化創新北歐航空
策略創新西南航空

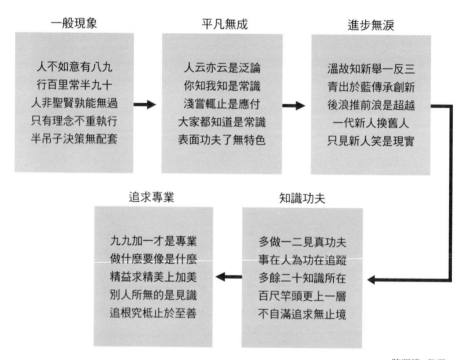

一般現象

人不如意有八九
行百里常半九十
人非聖賢孰能無過
只有理念不重執行
半吊子決策無配套

平凡無成

人云亦云是泛論
你知我知是常識
淺嘗輒止是應付
大家都知道是常識
表面功夫了無特色

進步無淚

溫故知新舉一反三
青出於藍傳承創新
後浪推前浪是超越
一代新人換舊人
只見新人笑是現實

追求專業

九九加一才是專業
做什麼要像是什麼
精益求精美上加美
別人所無的是見識
追根究柢止於至善

知識功夫

多做一二見真功夫
事在人為功在追蹤
多餘二十知識所在
百尺竿頭更上一層
不自滿追求無止境

陳明璋　整理

圖三十三　常識成知識要求專業化

　　從成功的過程來看，他們倒像個務實的讀書人，一有困惑就仰仗閱讀，尋找新知，一有問題，就不忘諮詢良師益友與學者專家，且勤做功課，從歷史和前輩的經驗中找答案，常自問能給消費者什麼新的產品與服務，不敢忘卻進修練功，每遇到疑難雜症，就會深入探究消費者心態，期盼有新的發現，增加新的見識，且不求膚淺的快速解答，反而願意不斷地重建基礎能力，這是他們在知識的精練方面下了苦功夫（詳見圖三十四）。

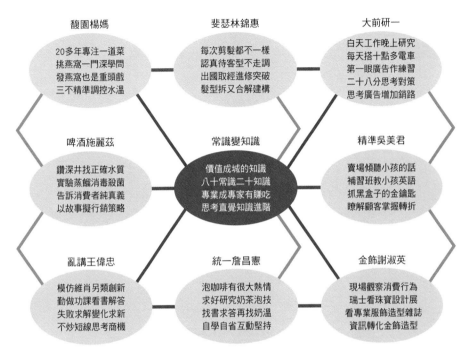

圖三十四　常識變知識的行業狀元

　　除了努力再努力之外，他們也在見識素養上加強建設，以求在研發上有所突破；而在態度上戰戰兢兢，不隨便打折扣，如台灣街頭的休閒小站調一杯珍珠奶茶，要準備四百頁的操作手冊，他們不計代價要求精準，做事從不隨便馬虎，「差不多」不是他們的口頭禪，反而是要求精緻細緻，不能出差錯。他們不輕易滿足，更不向現實低頭或妥協，他們興趣廣泛，重視與顧客和內部員工的互動，凡事都要求將心放在工作上，且要有新的創意。

　　當然，上述作為，自然能成為專家而能賺錢，他們比別人深入研析，把關鍵的一二補足，加上危機管理得當，百鍊成鋼是必然的，熟能生巧，更上一層樓自是最後的結果，這樣的人不成行業狀元是沒有道理的。這是知識進階管理得當的狀元特色（見圖三十五）。

常識現象 ➡ 知識精練 ➡ 見識素養 ➡ 知識進階

只學會卻不生效益 一招半式成半吊子 隔靴搔癢無精準度 表面可混實不透理 行百里常見半九十 囫圇吞無體悟深度	仰仗閱讀發現新知 良師益友諮詢請益 勤做功課借重歷史 常問你給人家什麼 抓住消費者黑盒子 不斷重建基礎能力	不計代價要求精準 態度戰兢不能打折 興趣自省堅持互動 不隨便差不多馬虎 連結工作勤找新意 不滿足不妥協進修	危機再補關鍵二十 多做一二少談八九 深入析研孕育直覺 成為專家才有賺吃 深層反省精準拿捏 熟能生巧更上一層

陳明璋　整理

圖三十五　行業狀元的知識進階管理

　　就以用知識賣蜂蜜的另類蜂農為例，九個養蜂班學員在宜蘭太平山腳下蓋了一座蜜蜂博物館，四年來，「蜂采館」成為一年收入八千萬的金雞，他們花功夫將蜜蜂採蜜的動態過程拍成六十張圖文並茂的照片，再廣招小學生參觀並親自讓小學生做體驗行銷，除免費參觀現場蜜蜂採花粉釀蜜的情形外，也讓解說員用小湯匙戳破乳白色蜂蠟，將新鮮蜂蜜挖出，讓大家現場品嘗，就這樣，小學生帶了父母和爺爺奶奶再度來參觀，由小孩帶大人，竟帶來一年六、七十萬人次的參觀人潮，蜂采館活生生的知識教育，與顧客體驗行銷的交流，想不賺錢、不成為行業狀元是很難的。

其實，靠知識成為行業狀元已成現今的新趨勢，未來只有更專業化的將常識、知識及見識相結合，知識才能成為財富。

演進論

演進一般是指隨著時間的流逝，企業營運模式要與時俱進地調整，但因時空的錯誤，落差總是存在的，因此常有傳統與現在同時並存的二元與多元現象，演進論有時好像有「過渡」的意味，在價值觀上，對新潮時髦的時尚現象，一般人總是給予較高的評價，其實這並不一定對，只是時勢所趨，大家都這麼認為，有時反而讓傳統或被忽略的行業帶來更少的競爭，致使商機無限；時尚流行的產品與行業反而因一窩蜂而導致相互殘殺，最後失敗退場的反而較多，因此演進論不應以後來者較具優勢與高級來看待，反而要以互補並存的觀點來看，較為允當。

演進論一般都有其時代背景，它雖與進級論有所關連，但「演進」涉及面較廣，大都有社會變遷的因素在內，且要經過一段時間的波折推移，才得以形成。「進級」靠企業負責人自身的企圖心與努力，就可突破瓶頸障礙；「演進」當然也需要企業家的決心與意志力，但仍要有大時代的因素相配合，推動起來才能水到渠成，就像知識經濟的來臨與IT科技的發展息息相關一樣，因此，「演進」較費時費力，但不能說不可為，也因為它是一種大格局的突破，下此功夫的企業家常能成為行業狀元。另外，也可用新的科技與管理制度應用在傳統的行業上，而使傳統產業得以獲得新的生命力。

以產業變遷與能力基礎來看，圖三十六可看出：農業社會是原料與人力的組合，它需要的能力基礎是勤勉、努力及教導；工業社會則是資本、技術、能源、原材料及零件的產業化，它的能力基礎是技能、管理與裝配線；到了資訊社會，強調IC與資訊的產業化，需要的能力基礎是數位、知識及通訊；現即將進入文化創造社會，講求的是創意、知識、生活及文化的產業化，所需的能力是感性、智性、人性、軟性及服務性。顯然地，不同的社會背景，相配備的能力要求自然不同，但以我們所面臨的文化創造社會，它仍需農業社會的勤勉與教導，也需要工業社會的技能與管理，而資訊社會的知識與通訊更是不可或缺，因此產業變遷，並非完全取代或淘汰過去，而是增加新的能力與內涵，產業如能與時俱進，充實這些能力，就可轉型成為行業狀元。

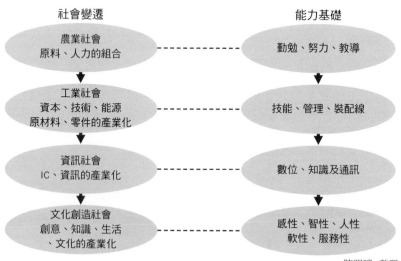

圖三十六　產業變遷與能力基礎

陳明璋 整理

再以世紀科技的演變來看產業的發展,二次大戰至今,我們經歷重、厚、長、大的鋼鐵世代,也經歷輕、薄、短、小的矽晶世代,更接受美、感、遊、創的生活世代,現則進入虛擬網路的無重世代,不管在標榜重就是好,大就是美的「噸」世紀,還是強調省資源能源及資產的「斤」世紀,或到使用資訊、通訊及晶片微電腦的「克」世代,以及當今的重視知識、創意與互聯網路的「真空」世紀。很顯然,產銷模式已經改變了,代表性的產業也不同;產銷模式已由代工加工貼牌的OEM產銷,進展到以設計加工的ODM,再到搭配自創品牌的OBM創牌,以及現今流行,重視創新、速度、價值的OCM(創意)與OIM(創新)相結合的產銷(見圖三十七)。顯然這四種生產科技、世代、產銷模式及產業代表並存於當今的工商社會,只不過氣勢與盛況不同,然而只要綜合運用這些生產科技與產銷模式,甚至專注在某一產銷模式,再做好精緻的管理,都有可能成為行業狀元,只不過產銷模式的組合要看各企業的天時、地利、人和及自我優勢條件而定。

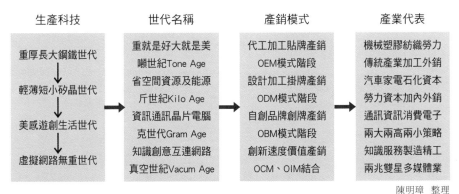

生產科技	世代名稱	產銷模式	產業代表
重厚長大鋼鐵世代	重就是好大就是美 噸世紀Tone Age	代工加工貼牌產銷 OEM模式階段	機械塑膠紡織勞力 傳統產業加工外銷
輕薄短小矽晶世代	省空間資源及能源 斤世紀Kilo Age	設計加工掛牌產銷 ODM模式階段	汽車家電石化資本 勞力資本加內外銷
美感遊創生活世代	資訊通訊晶片電腦 克世代Gram Age	自創品牌創牌產銷 OBM模式階段	通訊資訊消費電子 兩大兩高兩小策略
虛擬網路無重世代	知識創意互連網路 真空世紀Vacum Age	創新速度價值產銷 OCM、OIM結合	知識服務製造精工 兩兆雙星多媒體業

陳明璋 整理

圖三十七 產業發展與世紀科技演變

　　一般在探討產業的演進，常以簡單的二分法來劃分，如以產業革命為舊經濟，電子資訊革命為新經濟，舊經濟以機械、石油、電的發明與應用為代表，勞力、土地及資本為戰略資源，強調降低生產、物流及錢流的削減或降低；新經濟則以IC電子、通訊及網際網路等技術的整合應用為核心，資訊、知識、網路及時間等為戰略資源，強調資訊即時，空間成本的節約與精簡為重點（見圖三十八），這種二分法其實不切實際，其中尚有許多的管理面與技術面有待討論，才能看出演進的完整過程，也才能發掘相匹配的行業狀元。

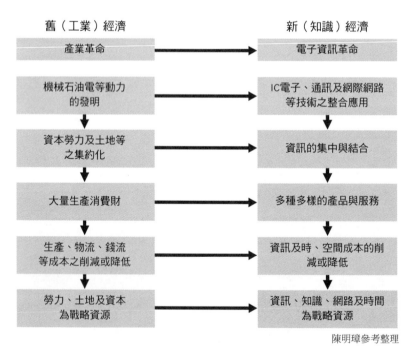

陳明璋參考整理

圖三十八　產業革命與資訊電子革命之關係

　　首先，就以時代演進來看，我們可發現有第一波的農牧社會，第二波
的工業社會，第三波的資訊社會與第四波的網路知識社會（或前述的文化
創造社會）（詳見圖三十九）；從其所代表的地主富豪、傳統商人、資訊
創業家到現今的網路新貴，顯然各有不同時代的行業狀元（見圖四十）。

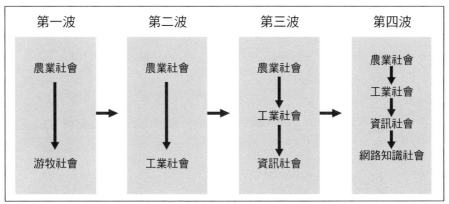

圖三十九　時代演進與第四波社會的關係

陳明璋　整理

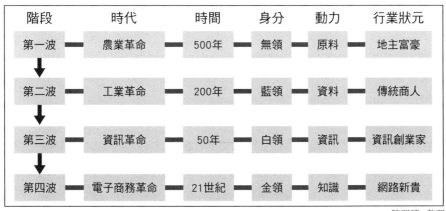

陳明璋　整理

圖四十　人類文明進步到知識經濟時代

　　同樣的概念，產業發展由勞力密集走向第二階段的技術密集與資本密集，再發展成第三段的綠色（環保）密集與資訊密集，接著轉往創意密集與知識密集，最後則是超越時空密集與智慧密集，從五階段的產業發展來看，這十一種密集產業當然各有其優劣點，往後發展越來越花心力與困難，但彼此並非完全排斥，而是可以相輔相成，故後面各階段的發展，大概就由隱形冠軍轉變為顯形冠軍了（見圖四十一）。台商目前在大陸有五段的發展空間，但留在台灣的只有後四段才有發展的可能。

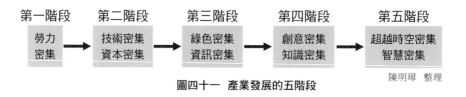

第一階段　第二階段　第三階段　第四階段　第五階段

| 勞力密集 | 技術密集 資本密集 | 綠色密集 資訊密集 | 創意密集 知識密集 | 超越時空密集 智慧密集 |

陳明璋　整理

圖四十一　產業發展的五階段

　　再從商業活動的演進來看，傳統商業有國內的批發零售活動與國際貿易，現代商業則進展到傳統商業的現代化，以及傳統商流兼及物流、人流、金流及資訊等共五流的商業活動，未來的商業顯然是傳統商業電子化，電子商務與電子市集化，以及由人際與網際網路相結合的實擬商務，這種演變，也將有許多類型的行業狀元各領風騷（見圖四十二）。

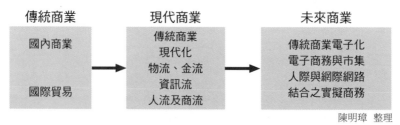

傳統商業　　　　現代商業　　　　未來商業

| 國內商業 國際貿易 | 傳統商業 現代化 物流、金流 資訊流 人流及商流 | 傳統商業電子化 電子商務與市集 人際與網際網路 結合之實擬商務 |

陳明璋　整理

圖四十二　商業活動的演進與未來變化

其次，從管理面來看演進的情形，早期的企業環境單純，台商不但盛行替外商貼牌作嫁，且因競爭不激烈，營運相對穩定，故市場動向變化幾乎都可預測，廠商大都採預測後生產方式（build to forecast），但隨著台商的外移，中國經濟的崛起，單靠貼牌代工生產已不合時宜，要加強研發設計能力，才有競爭力，加上廠商有許多的供應商可挑，接單變成廠商產銷活動的中心，廠商改採接單後生產的方式（build to order），這時因組裝中心已移到海外做模組化生產，海空運的連繫與物流配送管理變成生存的利基所在，供應鏈的管理成為時勢之所趨，此時不只降低成本，物流配送及資金調度都是不得不處理的課題，廠商於是進入全球運籌（global logistics）的管理時代，不但從接單後生產改為接單後組裝（configure to order）有些較機動靈活的企業，亦改採二階段組裝方式（bare bone），將組裝成品移至區域性質的發貨中心，亦即將低價零組件以海運送到各地發貨中心，高價零組件空運送到當地再行組合，且備有各種說明書和操作使用手冊，依各地語言來編印，而生產、運輸與配銷等資訊，不但要求快速，且要精準，很顯然，在二階段組裝及全球運籌管理的時代，必然要配合ERP、SCM及CRM等的運作，廠商如能快速轉型，配合客戶的需要，就可成為行業狀元，這方面以電子資訊廠商的挑戰尤其巨大（詳見圖四十三與圖四十四）。

多年來，台商配合全球化趨勢轉向對外投資，因此必然由純內銷為主，且在國內做多角化策略的企業集團發展模式，轉向多國的國際化經營，此時就會在海外設生產基地、銷售據點、發貨倉庫及維修的售後服務據點，甚至配合客戶，在海外客戶所在地設研發中心，再經過自創品牌的推展，以及業務的需要，轉變為跨國的經營型態，我們常說

的glocal（全球視野，當地的配合）以及GOLF（Global Operation, Local Fulfillment，全球經營，當地達成），都說明企業要設有地區與全球營運總部，且開始做跨國的策略聯盟，全球運籌管理只是其中之一環，資金的統籌管理，以及對地區的分工與控制、人才的全盤性運用與訓練都是不可忽略的工作，如從這方面來看，要成為跨國性的行業狀元，必須搭配以下的管理模式（詳見圖四十五）。

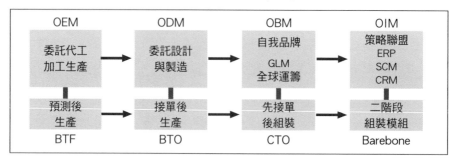

陳明璋　整理

圖四十三　國際競爭與台商策略搭配

BTF 1990年代初	SCM 1990年代中	GL 2000年代始
預測生產	**供應鏈管理**	**全球運籌管理**
＊依銷售、市場需求及產業週期，預測PC產品銷售量	＊SQCD體制之建立	＊二階段組裝模式
＊依國際大廠OEM之訂單來備料生產	＊組裝中心移到海外模組化生產	＊組裝成品工作移至區域性發貨中心
＊成品配送到客戶指送地點，海空運及專業物流配送	＊廠商／銷貨據點／經銷商的資訊連線	＊低價零組件以海運送到各地發貨中心，高價零組件以空運送到當地組合，再組裝成成品
＊原物料採購運輸、配送、品管及儲備等後勤支援	＊海空運交相運用與物流配送系統的管理	＊說明書、使用手冊等按各地語言與需求，印製供應
＊存貨、原物料及零組件積壓資金及跌價風險	＊節省時間成本，降低資金積壓及風險	＊要求生產、運輸與配送等資訊的快速與精準
	＊壓縮與降低製造成本	

陳明璋　整理

圖四十四　從預測生產到全球運籌管理

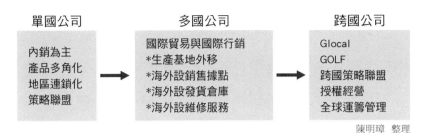

單國公司　　　　　　多國公司　　　　　　跨國公司

單國公司	多國公司	跨國公司
內銷為主 產品多角化 地區連鎖化 策略聯盟	國際貿易與國際行銷 *生產基地外移 *海外設銷售據點 *海外設發貨倉庫 *海外設維修服務	Glocal GOLF 跨國策略聯盟 授權經營 全球運籌管理

陳明璋　整理

圖四十五　企業跨國經營之演進

　　當然，走向多國化與跨國公司的經營型態，其經營就不能全然以母國為中心，銷產人發物資財等企業功能，就要按地區需要，由母公司管內控、資金及訂單轉而逐漸外放，將外派與當地調派相結合，就地取三才（資材、人才及錢財）逐漸變成必要的工作，以在地國為中心的本土化就不得不加以考慮，且要加速進行，其中，採購、生產、人事的本土化較容易，人力資源、財務、研發、行銷、內控以及營運總部的本土化就必須做深入的研析規劃再逐步推動，但不能操之過急；當然，如海外成為市場腹地，像中國大陸，則應給予當地更多的控權權限，且要由統籌的地區營運總部來管理，但母國與當地國的文化制度及思想的協調溝通也不可忽略；海外投資的管理，是成長的行業狀元要及早處理之事，稍不小心，就要付出相當的代價（詳見圖四十六）。

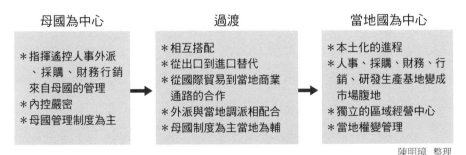

母國為中心	過渡	當地國為中心
*指揮遙控人事外派 、採購、財務行銷 來自母國的管理 *內控嚴密 *母國管理制度為主	*相互搭配 *從出口到進口替代 *從國際貿易到當地商業 通路的合作 *外派與當地調派相配合 *母國制度為主當地為輔	*本土化的進程 *人事、採購、財務、行 銷、研發生產基地變成 市場腹地 *獨立的區域經營中心 *當地權變管理

陳明璋　整理

圖四十六　對外投資的階段性管理

從技術研發的角度來看企業的演進，產業發展歷程是由機械加工的裝配文明，經由石化相關產業的發展，到電子資訊業的突起，以及最近盛行的知識加工，的確，由機械→石化→電子資訊→知識加工，可看出演進脈絡，圖四十五亦指出它的具體內涵，這些內涵是各種動力的基礎，彼此之間亦有可共同配合，甚至要做科技的整合，如以機電電子及奈米來整合等。現代因IT的發達以及生化加工的興起，未來必然要加強配合管理、軟體及知識的含量，故新知的追求是企業成為行業狀元的要件，產業進級與技術動力基礎是不可或缺的核心工作（見圖四十七）。

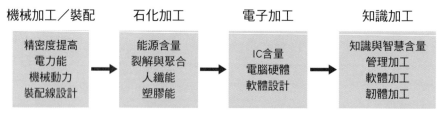

陳明璋 整理

圖四十七 產業的進級與動力基礎

觀山論

山，是崇山峻嶺並立，展現磅礡儡人的氣魄，正如「行行出狀元」，群雄崛起，各有千秋。事實上，成為行業狀元並非只是登上山頂而已，有時尚要觀比群山，分出高下；但山頭各有其雄奇，要分出絕對的高低，其實是不容易的。觀山對我們探討行業狀元亦有所啟發。

綜觀企業的競爭，難有一勞永逸的勝利，在有生命週期的淘汰賽中，憑藉努力與智謀成為一方之霸的行業狀元是有可能的，但永享「太平

天國」卻不可能，即使強如「秦始皇」，也只能為「一代霸王」，難以過三代。宋朝楊萬里的詩：「莫言下嶺便無難，賺得行人錯喜歡，正入萬山圈子裡，一山放出一山攔。」充分說明守業下山之難。

元朝郭熙以為「觀山有三遠」，他說：「山有三遠，自山下而仰山巔，謂之高遠；自山前而窺山後，謂之深遠；自近山而望遠山，謂之平遠。」從高遠→深遠→平遠，似乎有前後關係，但也顯示三種可能並行的行業狀元。畢竟，由下而上的高遠，由前而後的深遠，及與由近而遠的平遠，是不同的追求。行業狀元要達成高遠、深遠及平遠三種境界是要費盡心力的。

在群山繚繞之中的觀山，才能看出行業狀元的特性與內涵，群雄狀元如要比實力海拔的高度，那麼全世界只有珠穆朗瑪峰（又稱聖母峰）為第一高峰，我們常說：「一山還比一山高」，就是做這種「度」的絕對值比較。事實上，眾行業狀元就是要登上各行的「珠峰」，以及更進一步登上群行中的珠峰，但後者顯然是最難的世界第一大，其實前者的行業狀元就很難能可貴，值得鼓勵與追求。

眾所周知，成為珠峰的行業狀元要有基礎，再層層結合而登上，在中國號稱「小器之王」的梁伯強就語出驚人的說：珠峰就是珠聯璧合之峰，從自然界來看，沒有中原大地扎實的根基，就不可能造就青康藏高原；沒有青康藏高原的墊底，就不可能出現喜馬拉雅山；沒有喜馬拉雅山的鋪陳配合，就不可能誕生珠穆朗瑪峰。換言之，要想成為珠峰，首先要有喜馬拉雅山的成就；要想獲得喜馬拉雅山的成果，就要追求青康

藏高原般的榮譽;想擁有青康藏高原的榮譽,就要有大陸中原大地的實力基礎。

從珠峰傲然挺立來看,它之所以不崩塌萎縮,反而越來越峨然超拔,就是它運用鄰近各高峰與深層地表的相互擠壓激盪,不斷化擠壓為上升動力,再轉化動力為反彈力,透過緩慢的累積,持續不斷的自然增長,加上到了「定點定時」累積的臨界值如核爆炸一樣,造就了今日的世界第一高峰。

從行業狀元的成長加以觀察,也有一個「珠峰原理」,即中小企業要成為行業狀元,首先必須要突破傳統,有獨特的創新,再加上苦幹實幹的毅力與執行力,才能一鳴驚人,讓人刮目相看。但這樣還不夠,它必須經過快速有效,且持續不斷的成長,累加核心能耐,帶來爆發式的突破升級,再透過結盟、加盟的合作過程,或採一連串的垂直整合與購併策略(見前述圖二十的依強→附強→融強→聯強→自強→最強階段),最後才成為獨樹一幟的產業領袖,成為人人羨慕的行業狀元(詳見圖四十八)。

圖四十八　行業狀元的珠峰成長之道

陳明璋　整理

其實，為成為珠聯璧合之峰，台商成群結隊赴中國大陸投資，產生的磁吸群聚效應使許多台商與大陸商成為新的行業狀元。策略大師麥可・波特（Michael Porter）稱此為「紮堆」現象，即指一群在區域地理上相互接近，在技術和人才上相互替補，並具有競爭力的主體產業和相關的配套工業。所以凝聚的產業群聚紮堆，是企業競爭優勢的主要來源，美國的「矽谷」，台灣的新竹科學園區與中心衛星體系，以及中國華南、華東的傳統與高科技之供應鏈群聚效應，都可解釋這些地區產生特別多行業狀元的原因。

群聚效應的珠峰狀元，其觀念其實在一個「盟」的觀念，圖四十九以一字到十字來闡釋其意義，它的核心基礎與前述的總體產業與個體企業的分析是一樣的。企業成為珠峰狀元要靠多元力量與來源相互拉拔和激盪，除了在特定的區域有許多的產業群聚與中心衛星體系為基礎外，它必然有政府、學術界及專業的技術、管理及服務機構等力量的支持，加上來自各國管理制度、企業文化、IT與數位技術的支援，使得在此區域聚落內的企業相互競爭、彼此學習，而有中衛體系與主力周邊產業的配合，降低其採購的成本，企業因競爭而激發出創新突破。且因有專業機構能力的指導和教育訓練的加持、研發設計與產銷活動的供應鏈體系的配合，這樣，能早日綜合這些競爭優勢的企業，就能脫穎而出，成為行業狀元，若再加上高遠、深遠及平遠的學習、比較與進階，就有機會成為珠峰冠軍。

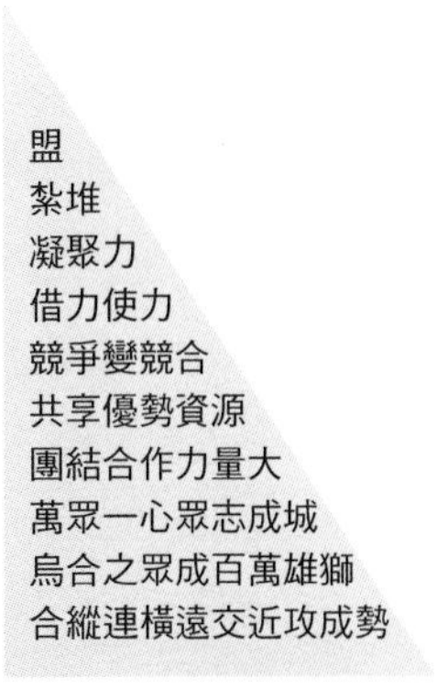

盟
紮堆
凝聚力
借力使力
競爭變競合
共享優勢資源
團結合作力量大
萬眾一心眾志成城
烏合之眾成百萬雄獅
合縱連橫遠交近攻成勢

圖四十九　成珠峰狀元之道

嫁植論

很多工商界人士常說賺錢牟利是企業的天職，這樣的說法未免眼光太狹隘；企業賺錢不但要取之有道，且要做有益創造財富（create wealth）之事，正如當年松下幸之助提出自來水理論的說法一樣。企業應生產像自來水那樣物美價廉的產品，且有益於社會的進步與發展，這也是企業「創造附加價值」（value-added）對社會繁榮真正的貢獻。

行銷大師Philip Kotler說得好：好的公司能滿足需要，傑出的公司懂得開拓市場。要取得市場領導地位（就是筆者說的行業狀元），就必須以獨到的眼光規劃未來的產品、服務、生活方式，以及提高生活水準的方法，隨波逐流的公司和創造新產品、新服務價值的公司之間有很大的差別。最好的行銷就是做一些與價值創造和提高世界生活水準相關的事情。從柯氏的談話可知，創造越高的價值，就越有機會成為行業狀元。

表面看來，創造價值相當困難，其實它的精妙在於「嫁植」兩字，這是「曲徑通幽」的奧祕所在，重點在於改變思路、另闢蹊徑的做法，在山窮水盡「疑」無路之時，「加持」或嫁植（轉嫁培植新思維、新策略及新對策），達成柳暗花明又一村的效果，這種作為最好的例子，就是王羲之幫老婆婆賣扇子的故事。原來因長時間下雨，老婆婆的扇子不但賣不出去且發了霉，大書法家王羲之得知後，起了善心，在滯銷的扇子上勾抹一番，添加了幾個字，滯銷品馬上變成暢銷品。這樣的嫁植本事，就是創造價值的功夫。

其實，嫁植的精義就是加入新事物的「Make」，世界著名的遊戲專家鈴木裕，他認為Make這個英文字，不是埋頭苦幹之意，而是透過外力的傾注，使得原有物件產生變化，有如事物A，經過加持嫁植，加入新的力量，成為全新的事物，這才是創造價值之精義所在。行業狀元之所以特出，就是在傳統無奇的營運模式中，溫故創新、重新嫁植出發，而創造有價，人人想要、想買、想學、想仿的商品。

就以供應鏈聞名於世的香港最大貿易公司利豐公司（也是行業狀元）為例，它將大部分的原物料與生產工作交給七千五百家工廠與供應商去處理，但它在三段工作加持嫁植（價值），即前期做好設計與管理規劃，中期強化專業機能，將財務調度與IT技術的管理，搭配得很允當，後期工作則掌握品質控制和測試工作（見圖五十）。

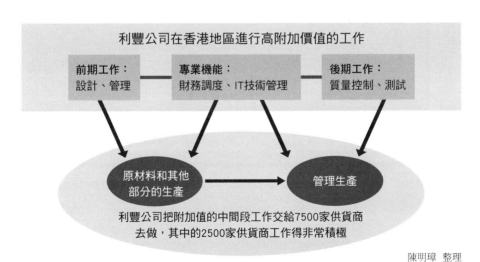

陳明璋 整理

圖五十　利豐如何創造價值的供應鏈管理

　　當然，企業經由嫁植創造價值的途徑甚多，圖五十一是以全球運籌的佈局來看，除了從創意規格，經開發、採購、生產及行銷，到技術服務與售後服務，這些供應鏈流程不但可降低成本，且可創造價值。企業如能在這些流程中加入嫁植功能，且在適時（right timing）、適品（right product）、適場（right market）、適路（right channel）及適錢（right money）管理下，這些嫁植作為必然可使企業加速脫穎而出，成為行業狀元。

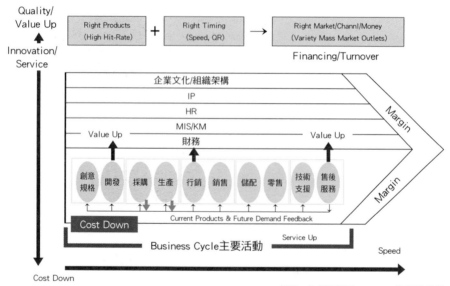

來源：參考陳振田，2004，陳明璋整理

圖五十一　全球運籌──創造價值鏈

　　再者，企業要壯大成為行業狀元，不僅要正面嫁植，創造有形的價值（稱之為煉金）；還要反面嫁植，創造無形的價值。表二指出總共有十三

家國際級的狀元企業，它們在有形的煉金與無形的修道皆有作為，這些加持嫁植，不但帶給顧客滿意，且給企業更多成長的空間。因此，不管美國的沃爾瑪、戴爾、微軟，日本的本田和豐田汽車，台灣的鴻海以及中國的海爾公司，皆是國內外兼修、嫁植得宜，而成世界著名的行業狀元。

表二　長大公司的「煉金」與「修道」

長大公司	不僅「煉金」	而且「修道」
沃爾瑪公司	成千上萬的平價商品	如何天天平價
宜家公司	一切價廉物美的家居用品	如何讓自有商品和商店同樣出名
戴爾公司	結實便宜的計算機	如何自己控制通路渠道
微軟公司	標準化的Windows軟件	如何讓一個平台容納更多
英特爾公司	速度更快的奔騰微處理晶片	如何讓晶片每十八個月就提速
寶潔公司	舒膚佳、玉蘭油等眾多生活所需品	如何讓一個公司生成無數子品牌
豐田公司	凌志、巡洋艦和一切可能的汽車	如何使用「看板」生產
福特公司	T型車、美洲豹和一切可能的汽車	如何使用生產線
Google公司	你想知道的一切信息	如何用一個功能賺取無數的錢
本田公司	雅哥、奧德塞和眾多舒適轎車	如何故意製造供不應求
鴻海公司	許多產品貼著世界級公司的品牌	如何在下游得勢
納愛斯公司	透明皂和亮齒牙膏及其他可能產品	如何把更多精力用於銷售
海爾公司	許多被外國人知道的中國家用電器	如何讓所有員工都是交易者

參考：范棣、曹建偉，2003

其實，從嫁植到創造價值，除了供應鏈之外，尚有許多的途徑。嫁植本身亦有許多的方式，如附加的Make，加持提升的積極建設，不斷調整現狀的改革等。上例的王羲之扇面書法，其實就集合上述三項的作為。如再加上文化的精髓，設法加上人文內涵於企業的產品與形象中，

讓創意與精神面貫穿在企業的營運模式中，將使企業的產品由製品進展到文化品與藝術品的境界。如能再兼顧四品的提升，即維持品質→提高品級→建立品牌→塑造品味，循序漸進，則企業將可經由嫁植的作為，創造價值而成為行業狀元（詳見圖五十二）。

產 品	文 化	四 品
附加 加持 改進 王羲之	人文 內涵 創意 精神	品質 品級 品牌 品味

陳明璋 整理

圖五十二　從嫁植創造價值的三種途徑

最後，嫁植亦可用英文字Get來加以表達，Get有達到、成為或精進的意義。筆者認為做到四種Get，就可不斷突破而成為行業狀元，這四種Get就是：（1）做大（Get big）、做強（Get strong），在規模經濟上擴大，可取得競爭的優勢。做大、做強是台商最常用的策略，產業強人幾乎無人會放棄這種成長機會；（2）找利基（Get niche）、尋找新市場與機會（Get newer）或塑造差異，做與眾不同的區隔（Get different）；（3）做專注、不分心（Get focus），越做越精緻與細緻，或不斷在專業上進級，博得大師達人的稱譽（Get professional）；（4）走低價位路線（Get cheaper），從價格分析與價值工程著手，不斷在既有的流程上做合理化的改善功夫，最後做到物美價廉的低價冠軍。以上四種作為均可藉嫁植而創造行業狀元。如果無法採用其中一項，結果當然是滾蛋（Get out），退出企業江湖。

第 *3* 章

決定行業狀元
勝負的八大DNA

因時代的變遷、環境的不可控制與法令規章的限制及要求增多，行業狀元要在一波波的競爭中脫穎而出，越來越難。雖然各行各業仍有卓越的企業家，但畢竟挑戰日多，壓力空前，走到行業狀元之路已屬不易，要守住這一光環更加困難。為此，本文將進一步探討，建造創新營運模式的行業狀元，要具備哪些基因，為何他們有此能耐；複製這些基因，不僅讓台灣的經濟加速起飛，對於世界發展的貢獻，也是無限地擴大。

行業狀元的八大DNA

　　根據觀察與研究，發現讓台商行業狀元不斷衝闖，努力攀爬的原動力基因，計有以下八點：

一、他們是挑戰逆境，扭轉困局的人

　　凡能超凡入聖的狀元，幾乎每個人都曾經過一番「寒徹骨」的艱難。無可否認，好環境會讓人懈怠，不知道人生的意義何在；困頓惡劣的環境，反而激起人奮力向上的鬥志。有人說，貧窮是最好的學校，讓人要奮鬥脫貧；逆境更是讓人成長的良師，因處在困境才使人體會「山窮水盡疑無路，柳暗花明又一村」的希望。的確，身處逆境者的樂觀與沈著常令人驚訝，但正因他們沒有退路，只能向前，因此一波波的壓力無法擊倒他們，反而激起他們熊熊烈火般的鬥志，以及百折不回的毅力決心。其實他們要打敗的不是惡劣的環境，而是懦弱膽怯的自我，通過了這一磨難的山海關，還有什麼險阻困苦能阻擋他們？脫穎而出只是時間的問題。

　　正如獲有NHK、NEC、名人、本因坊及王座等五冠王的旅日職業棋手張栩的體認，他得到世界第一的榮耀時接受記者的訪問，卻謙虛地說：運氣太好了！真是運氣好！運氣好！其實，是他下的功夫夠深。他九歲就有天才棋童之稱，但六、七年前，他遇到山下敬一這位難纏的對手，每次總是他前段先勝，但最後卻敗了，相當懊惱的張栩，打電話給父親訴苦，認為自己這麼努力卻得到這種成果，怎能有明天？他父親沈穩的告訴他：真正厲害的人，不是下贏幾盤棋，而是扭轉了幾盤棋。告訴

他除了努力之外，還要有鬥志與堅持的毅力。

之後，張栩仔細觀察對手，發現山下敬一即使到了差一步就輸的地步，也絕不放棄，反而更咬緊牙關含淚拚下去，這樣的觀察，驚醒夢中人，山下的堅持鬥志，重重打進張栩的心坎裡，他發現：原來有人這麼拚命在下棋，我的努力根本就不夠。三個月後，張栩終於重生了，不僅每次競賽都進入決賽，且連連拿下大獎，稱霸棋壇。

台商行業狀元何嘗不是如此呢！例如全球燈帝——真明麗的樊邦弘，早年為馬克斯的信徒，不慎成為少年叛亂犯，出獄後找不到工作，只好沈潛忍耐，終於逮到創業的機會，但創業也非一帆風順，中間且歷經三度失敗破產，但他屢仆屢起，終於大膽轉戰中國，經過幾回合的合縱聯盟與研發突破，終於成為行業狀元。

二、他們剔透人性，很會做人

打事業天下要有班底團隊，漢朝劉邦就因有蕭何、韓信等三傑輔弼才成就帝王功，但為何有人願意追隨「有夢最美」的口號？這就在創業狀元的氣度，我們常說宰相肚裡可撐船，你有多大的量就有多大的福，狀元老闆更是要有容人分享的格局。俗話說：「人為財死，鳥為食亡。」又說：「財聚人散，財散人聚」凡能分權讓利，邀夥結盟者，才有打天下的班子；讓英才重臣能入股分紅，他們才會共同努力，打拚出屬於自己的天下。古人不是說：「人不為己，天誅地滅。」只有分享誘因，才能引才入殼，化私利小我，追逐公義大我，行業狀元才有成就非凡事業的基礎。

只有國中文憑，卻能入選2006年富比世「港、澳、台」四十富豪的蔡衍明，就是最好的例子，他從宜蘭食品闖業，到中國大陸發揚興業，再到新加坡上市興業，成為世界第一大米果集團的掌門人，密訣就在他剔透人性的分享需求，也因他對夥伴很阿莎力，才能靠老成班底打天下與治天下。

早在三十年前，他創辦宜蘭食品時就讓員工入股分紅，且員工只出一半資金，他分擔另一半。等到他創立旺旺控股，他又用同樣模式讓員工認股，因此，跟他打天下的老臣都未離開，且個個成為億萬富翁，連與他技術合作的日商岩塚製果的社長，都有百分之五的旺旺股份，蔡衍明並未將老幹部班底當成外人，反而將他們當作事業夥伴、生死與共的親人和兄弟。

由於很會做人，才能容人才、用人才、留人才、享人才及創人才，這在鞋霸南良企業蕭登波身上也可得到印證。台南幫的創辦人之一吳修齊就說：天資好不及學問好，學問好不及處事好，處事好不及做人好。一針見血點出台商行業狀元的基因所在。

三、他們學會認輸忍功，尋得東山再起之機

行業狀元之所以氣長有成，就在他們不逞強，碰到困頓逆境，懂得「認輸」，設立停損點，絕不會孤注一擲，落得輸光出場。他們珍惜現有的一切，即使敗了，也強忍羞辱，維持承諾和形象，以備東山再起。這種認輸忍功，其實是在修氣長的「烏龜功」，烏龜在遇到強敵侵犯時，就縮頭縮足隱忍，「得縮頭時且縮頭」。其實，烏龜並未認輸退卻，

當強敵離開，風平浪靜之後就又探頭出足往前行。這種認輸忍功，並非真輸，而是「假輸」的前期投資，他們在事後做了深切的檢討，知道自己的缺失及市場的真正需求，因此痛下決心改革，才能再起風雲。

購併百年品牌膳魔師的林文雄就是實例，他兩次失敗，賣光祖產，換來「磨練」二字，他卻能伸能屈，轉型做不鏽鋼保溫杯，除思痛嚴求品質外，又覓得技術專才張梓賢加盟，合創團隊，最後終在日人的保證協助下，用智謀貸得資金，購併膳魔師，重得企業舞台。而技嘉在與老大華碩硬拚二十年之後，發現主機板前景黯淡，於是在認輸後不計前嫌，願當老二，與華碩攜手合組新公司，雖把利潤與人分享，但卻獲得重生，掌握六成以上的市場和品牌主導權。這樣表面上看似吃虧輸了，其實是長贏獲利，同時也可主動重定產業次序，少了敵人，交了朋友，將來又可能成為另一個活龍狀元。

四、他們樂於工作不輕言退休

行業狀元都是創業家，他們旺盛的事業心，讓他們義無反顧地往前衝，當他們攻佔某一個市場，登上高峰後，仍想再攻佔另一個顛峰，即使已登上狀元寶座，仍然要給員工新願景。他們樂於工作，不想退休，雖有人已七十高齡以上，但看到王永慶已年屆九十仍在工作崗位上，成為「老不休」的典範，更為奮發工作。行業狀元想傳承接班，也不太容易，況且真正的事業家，除了肉身的兒子之外，一般都還把事業當成真正的兒子，他的一生心血就放在呵護、養育、培育「它」，事業已成他人生代表與象徵，有時且是本尊與分身不分，這樣，豈能要他輕言退休？

像樂器狀元——功學社的謝武弘就說：功學社現已七十五歲，創業百年要做的業務發展，現在就可看到。功學社未來二十五年就是要向世界第一的山葉挑戰，而關鍵行動就是開拓中國市場的藍圖佈局，就是在中國大陸重點城市投資通路、開音樂教室，有這樣的遠景規劃與事業生涯前景，他哪有可能退休。行業狀元都是有使命感的人，既有使命感，就會「死命幹」，就會像李商隱詩中所說的：「春蠶到死絲方盡，蠟炬成灰淚始乾。」這樣的事業人生，豈有盡頭？

對此，創立世界時尚名牌、已經七十多歲的亞曼尼說得最清楚：「退休這個建議對我來說是不存在，我的生活就是我的工作，這就是我享受人生的態度。對我來說，沒有所謂的停止；如果停止，不再工作，就是不再想生活了。」

五、他們追求呼群保義的精采人生

一般而言，他們不追求「獨樂樂」，而是與事業夥伴共創霸業。這種事業還要改變現狀，創新產品與市場，讓顧客有「哇」的驚奇感覺，讓產品更精緻亮麗，甚至可收藏珍賞。換言之，他追求「搖乳生酥」的曼陀羅人生。

所謂曼陀羅（mandala）是佛教密宗用語，翻成中文意指「獲得本質」或「輪圓俱足」，它的深層意涵是諸佛如來、菩薩的誓言、願力和慈悲之心，透過中心的輪軸與四面八方放射出去的結構，從中心到周圍，從無形到有形，產生動態的連結，彼此間交互作用，釋放無量無邊的動能。

其實，曼陀羅更簡單的解釋是「搖乳生酥」，有如我們搖動新鮮的牛奶，當你一再攪拌它，慢慢地就浮出一層較精緻的成分，然後再耐心地攪拌，就會解析出另一種較精緻的乳製品。然後一層又一層，最後乳酪就從裡面凝結出來，這一重重被濃縮的成分會像佛寺大殿上方的藻井一樣，層層疊疊由中心放射出來（詳見圖五十三）。

圖五十三　曼陀羅的諸佛圍繞在佛陀的周圍

行業狀元的精采人生有如曼陀羅的搖乳生酥，他在每個階段會結合不同的事業夥伴，創造不同的事業，不管是採取垂直整合或是水平擴大策略，總是在不同的轉型過程看到老臣和新班底同心協力奮鬥，結合舊雨新知的顧客以及不同的產品線往更精緻高檔進級。就如江韋侖從鞋盒做到豪宅，王任生從聖誕燈提升到百貨業連鎖，台昇郭山輝從咖啡桌提

升到房間組與沙發家具，高民環整合航空、航海、車用和手持式的GSP產品，都是活生生的狀元實例。

當然，以行業狀元為中心，蕭登波從縱向垂直整合，生出五十六個公司，其內創老闆團隊層層合作，將其拱成鞋霸；台明將的林肇睢，除自身企業的經營夥伴班底外，又組合十五家的玻璃幫聯盟接單，現又邀集二十八個同業在彰濱工業區，組成產值兩百億的玻璃聚落，層層聚合，環環相扣，怪不得能產生搖乳生酥的曼陀羅效應。

六、他們有自律自許挑剔的龜毛性格

行業狀元不但不怕磨難和挑戰，且天生就是求好心切，重視細節的挑剔家。過去，王永慶幾十年「追根究柢、止於至善」的強悍執行力，讓台塑成台商企業的典範，這種「追！追！追！追根又究柢」，「問！問！問！問出道理來」的精神，就是要從自身力行；在要求別人之前，先要從自己做起，自己做不到的不要期許部屬做得來。也因這種自我期許的自律精神，讓行業狀元好像向前衝的火車頭，帶領夥伴員工齊步努力，因為員工停止進步與努力，就會跟不上他而被迫出局。

明門實業的鄭欽明不但要求主管開會要嚴控時間，甚至難以想像地要求計時到「秒」的地步，其二十三年零延遲交貨的紀錄，背後就是嚴密的流程管理，而目標只有一項——永遠要準時出貨，就算虧本也要達成。他甚至將這種掌控力擴大到每個員工的工作上，連員工餐廳廚師的菜色是否創新，用餐人數是否合乎預期，都要列入評估。

此外，南亞電路板張家銓的用餐看人學更點出自律的重要性，他一開始就嚴求員工吃公司的自助餐時，不能有剩菜剩飯，這不只是為了要節省成本，而是要訓練人的自我管理能力，因此，連廚師是否能買到時令的新鮮菜，是否能物盡其用而不浪費，都要加以考核。當企業上下都能自律，就會產生像鴻海郭台銘所說的責任感，這種內升的壓力，是人會自動自發的來源，無可否認，行業狀元這種擴大「責任」及自律的「示範」漣漪效應，成就自是驚人。

當然，集其大成者莫過於江韋侖，也因他自認比龜毛還挑剔的龜毛作風，他才有可能蓋頂級豪宅，讓自己的股東也願掏腰包購買，且每蓋一棟豪宅就又往前升一級。

七、他們由磨難中產生自信的霸氣

許多行業狀元並無傲人輝煌的學經歷，他們出自民間基層，既無祖先餘蔭奧援庇護，只好自求多福，結識貴人相助，也因此鍛鍊他們察言觀色的本事。棋聖張栩父親「極苦、極刻苦、不以為苦」的教育哲學，讓他不只「很會吃苦」，還更會「消化苦」，磨難淬鍊成為他成長的動力。

而溫州商人之所以被稱為中國猶太人，就是他們很會做生意，但這種生意手腕是來自幾個千辛萬苦的功夫，筆者則認為因有十個「千萬功夫」，台商才能成為億萬富翁（見圖五十四），這十個千萬功夫就是：（1）經歷千辛萬苦的歷練、（2）嘗遍千態萬狀的責難、（3）面對千

變萬化的挑戰、（4）處理千頭萬緒的事務、（5）具備千軍萬馬的氣勢、（6）走過千山萬水的推銷、（7）用過千言萬語的話術、（8）承擔千真萬確的責任、（9）遇見千恩萬謝的貴人，最後才能（10）奠立千秋萬世的基業。

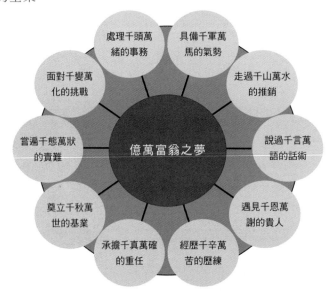

圖五十四 台商成為億萬富翁的十大挑戰

同時，筆者也提出台商開拓海外市場的十大苦功，即：（1）一年四季無休的工作、（2）海陸內外銷，兩棲兩岸的作戰、（3）結交三教九流的朋友、（4）奔波各地以四海為家、（5）五更半夜的加班任事、（6）六親不認的非人生活事業心、（7）迎接來自各方的七七事變挑戰、（8）面對條條塊塊的關卡，要有八面玲瓏的手腕、（9）費盡九牛二虎的心力，最後是（10）十年有成（見圖五十五）。

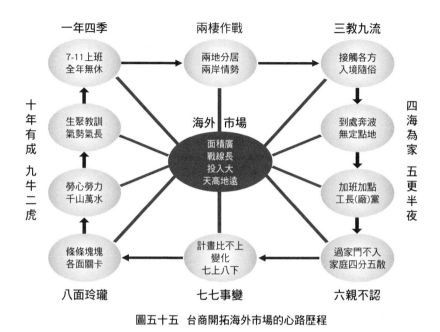

圖五十五　台商開拓海外市場的心路歷程

事實上，歷經十個「辛苦千萬」，十年「磨難有成」者，都可在許多行業狀元事例中找到，如挑選最難的高民環苦創GSB事業，三十年才建立樂器王國的謝武弘都是實例。

由於台商是由第一線打拚起家，多年的實戰苦練，學成一身的本領，我們看到螺絲狀元蔡永龍三兄弟殺價硬拚的霸氣，燈王真明麗集團的樊邦弘向客戶說：不跟我買就沒有活路的自大，都可看到台商狀元的自信和傲氣。而全球製帽大王王台光就口出狂言說：他要先把敵人殺垮再去救濟他們。語雖狂妄，但若無深厚的底子作後盾，焉能如此自負？當然這些臭屁話，只是說說而已，他們一般都是沈穩低調，不願在媒體前

曝光，且刻意隱藏自己的鋒芒，然而畢竟經由歷練累積的底子深厚，行業狀元的威力不彰而顯。

八、他們要創新建立行業新典範

　　一般而言，行業狀元都不願墨守成規，以現狀為滿足，他們要打破傳統，創造歷史。早期因企業規模小，只好蕭規曹隨，幫人貼牌代工，一有突破，他們就要加強設計，自創品牌，建立物流以延伸服務。換言之，他們要創造該行業的歷史，不管是價格的制訂、式樣規格設計、新產品的研發，他們都要領先同業，且將低檔、低附加價值的轉給同業，自己則創新營運模式，如王台光用名牌材質與名牌工法來製帽，蔡永龍以一次性服務，加惠顧客，且將自己轉型為製造服務業，賺物流管理財。

　　其實，行業狀元的創新模式，可以用仿照、改造、新造、精造來描述其突破升級歷程，本書以多次多元轉型來形容他們的努力，也探索他們這種熊熊烈火的衝闖精神，正如曼都賴孝義所說：「在我之前沒有路，我走過後路就自然形成。」行業狀元這種開路精神，讓他們改變該行業的生態，他們同時也掌控競賽原則，制訂遊戲規則，讓同業遵循。但王台光卻又不知足地說，他現在是百廢待舉。可見他雖已在帽業做了革命先鋒，但至今仍未定型，也因此還有發展空間，行業狀元要不斷地改寫產業歷史，才能確保其霸主狀元地位。

台商從隱形冠軍到行業狀元的艱辛歷程

　　上述八大DNA論述台商成為行業狀元的必備個人條件，但台商因

外在大環境的限制，多年來一直無法上舞台亮相，而以替外商代工貼牌生產的方法沈潛地深入國際商業天地，形成「Taiwan Business Inside」的舉足輕重局面，如世界電腦霸主微軟、IBM等都要靠台灣的代工生產。但在時代的變化之下，機會猛然來臨，這些被德國學者Hermann Simon歸類為「隱形冠軍（Hidden Champion）」的台商頓時在世界舞台上大放異彩，成為人人稱讚的對象。其實他們早就是狀元了，只是還不到亮相的時候而已！

而對充滿行業狀元DNA的任何創業者來說，都是不願屈居現狀的，只要有機會，總要獨佔鰲頭、爭個第一。正如大陸聯想集團創辦人柳傳志所說的：這是一場賽跑。跑在前面的人說：「你在後面吃土吧！」他跑得快，我在後面吃土，這沒錯。咱們現在必須狠下心來，踏踏實實在後面「吃土」，但心裡的希望是想做「領跑」。也因人人想出頭領跑，學術界才出現對「隱形冠軍」的研究。

「隱形冠軍」一詞是由德國學者Hermann Simon首先提出，他發現：全世界除了可口可樂、寶鹼、微軟及GE等知名大企業外，最優秀的企業更多是一些沈穩低調、不張揚，但卻「靜靜吃三碗公」，賺大錢的行業狀元。這些看似沒沒無名的企業，在全球市場或某一個區域市場，常有50%或更高的市佔率，在經營策略、技術突破以及創新力方面，它們並不亞於世界五百大，甚至在某些方面更是身懷絕技，有著大企業無法長久保有的競爭優勢。這些隱形冠軍與台灣本島所存在的草地狀元、角落企業、夜市小店，全球賺錢（或台灣味，走國際）的本質是一樣的。

據H. Simon的研究，90%的美國企業都是替大企業做配套的，他們不像Intel Inside那樣人人知曉，反而隱姓埋名替人打工，歐洲企業主要也是替大企業做零件、組件及配件，在德國就有五百多家的隱形冠軍，如Marskerger Glaswerke Ritzenhoff 就是全世界最大的啤酒玻璃杯、汽車用玻璃和工業用玻璃製品公司。其實，台商過去為人作嫁貼牌的OEM公司，如電腦的零組件、配件以及腳踏車、成衣、鞋子等傳統產業，都是同樣的模式，德國有五百家的世界隱形公司，台灣台商何嘗不是如此？

當然，行業狀元不是泛泛之輩，H. Simon歸納它有以下八大屬性，即：

一、它們是中小型公司。

二、控制主要的市場，一般佔有全球市場的50%以上。

三、產品是無形或不為人所知的。

四、擁有引人注目的生存發展紀錄。

五、主要收入為外銷，為國家賺取外匯，對外貿平衡貢獻良多。

六、道道地地的全球競爭優勢之創造者。

七、大多數為家族擁有的私人企業。

八、都是成功的公司，但不是充滿神祕的奇蹟公司。

在H. Simon的眼中，隱形冠軍也有以下八大特質：

一、創業者有旺盛的企圖心，積極實現其野心，成為全球特定領域的領導者。

二、高度專注於特定領域，不分心也不追求多角化。

三、抓緊顧客關係，將它列為第一優先，不將它交由外人處理。

四、成為卓越者的親密夥伴，貼近客戶與市場，並與客戶共同研發成長。

五、強調創新！創新！再創新！這是一條不可打折的不歸路。

六、參與頂級競技場，隨時不忘競爭者的存在，不斷強化競爭優勢。

七、保護獨一無二的優勢，不相信策略聯盟的功用，也不熱心外包，而抓緊內製管理。

八、建立強有力又富特色的企業文化，員工有高效率又認同公司的價值觀。

從台商的經驗來看，隱形的行業狀元大都具備上述屬性特質，從圖五的中小企業成為行業巨人的角落企業，可知其成功核心有：（1）緊抓顧客需求的種種變化，（2）研發設計與時俱進與精進，（3）抓住時尚流行，配合科技時潮，（4）專注核心，累積優勢基礎，（5）傾聽並關心顧客的需求，（6）重視人際關係與網際網路的應用，並整合服務，（7）成為市場上不可替代者，（8）不斷給顧客增加新的價值。從瀚歆球台、德林義肢、競泰號碼鎖及光隆羽絨等四家傳統產業代表的表現來看，確實一一印證H. Simon在歐洲和美國的研究結論。

然而，再看更多的台商隱形冠軍樣本，則可得知台商經驗亦有H. Simon研究中所沒有列出來的特質，如：（1）有形產品，甚至日常用

品也包括在內,如女鞋與健康器材;(2)夜市小吃的台灣味,靠連鎖管理走上國際化經營;(3)將常識變成知識,且不斷將知識進級加工而青出於藍(見圖五十六);(4)靠研發的突破,申請專利而獲競爭優勢;(5)引用新科技與高科技,創增產品內涵和價值;(6)改變遊戲規則,創造新的行業競爭原則;(7)適度的策略聯盟,尤其是與異業和通路結盟,以他人之長補己之短;(8)擴展專精的連鎖效果,從垂直整合角度來增加企業的產品線;(9)部分從專注利基的貼牌者,擴展成兼做創牌者,成為貼創兼具的雙牌企業;(10)除充實己力,加強研發創新力之外,亦不斷構築進入障礙。

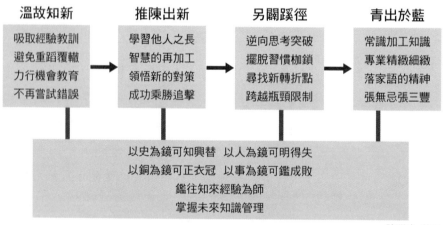

陳明璋 整理

圖五十六 青出於藍而勝於藍的階段性努力

綜合上述,可知狀元就是狀元,不管是顯形還是隱形,都必須具備做狀元的個人特質,筆者提出的八大DNA以及德國學者Simon的隱形冠軍研究,都對有志成為行業狀元者具相當的參考價值。

第4章
台灣行業狀元的
成功模式

從企業發展的歷程來看，企業營運雖然仍以銷、產、人、發、物、資、財為主，然而因競爭的加劇、投資跨國空間的擴大、數位網路時代的來臨、新興國家金磚四國（BRIC，中國、巴西、印度和蘇俄）的崛起，以及老舊經濟體如歐洲與日本的復興，企業營運模式不可能一成不變，而要與時俱進。過去常說要做一流企業，但現今企業要做包括物、商、資、人及金流等在內的「五流」企業，如不能涵括這些功能，就要與人策略聯盟、合作發展，才有競爭優勢。況且如今為數位網路時代，除了實體有形的營運外，無形的虛擬模式也不斷推陳出新，影響所及，競爭淘汰與購併存亡的世代交替更是加速進行。這種情勢之下，要成為行業狀元確實要有「三兩三」的功夫，也因行業狀元的類別有更多的組合和空間變化，所以會有許多的不同典型，然而各典型又多多少少帶有其他典型的色彩，為方便讀者瞭解，以下大致分成十種類型加以說明。

力爭上游的草根狀元

台灣一向是中小企業的創業王國,許多沒有富爸爸、富阿公庇護的草地人,從小就在社會底層打滾,窮苦潦倒並沒有打倒他們,反而激起他們奮鬥向上的意志。他們沒有傲人的學歷,很多都只是「社會大學」畢業,他們或在社會陰暗角落,或隻身到都市、海外做「搏士」,即搏鬥之士,為的就是要出人頭地、有朝一日能頂著事業成就光環,在媒體爭相報導與眾人羨慕簇擁歡呼下,開著象徵富貴的「面子(BENZ)」奔馳回鄉向江東父老說:我成功回來要祭祖,以光耀門楣。

其實,他們何嘗不知走上這「阿姆斯壯」的登天路,要付出多少代價,為求出類拔萃,即使得學韓信的忍辱求生,做小弟、小妹看人眼色,他們也得挺起胸膛向前行,彎腰低頭與人搏感情,把敵人變成朋友,甚至成為人生貴人與事業夥伴。

以海外台商的成功經驗來看,可以用五階段來加以描述。一開始是「走出去」對外投資,以少數的資金冒險賭未來的機運。緊接著就要「走進去」,到海外設廠製造,開始落地生根,做第一線的搏鬥之士(搏士)。再來就要「走上去」拚出成績來,要運用其優勢資源,從事本土化,就地取原物料的資材與優秀人才,成為「博士」。第四段,事業已相當成功,就「走錢去」,在當地取財,將企業上市、上櫃,成為業界傑出代表,鍍金取銀的「箔士」。最後,企業「走值去」,突破代工貼牌的局面,自創品牌成為一方之霸,這時已是功成利就,各種榮譽與社會博士的桂冠,緊隨著自動奉上門來(見圖五十七)。

　　從本土白手起家到海外創業，草地狀元並非一帆風順，而是不斷克服橫逆磨難，他們不願向失敗低頭，在哪裡跌倒就從哪裡爬起，可說是屢敗屢戰。在輸人不輸陣的自我要求下，他們先學做人，再學做生意；為獲得生意，他們積極上進，紮實買社會財修實務課，他們帶人先帶心，先存「人財」後，再提用「人才」，且讓員工分紅入股，大家一起同心打拚。而為了讓顧客滿意，不得不壓低利潤，從微利中累積財富，他們抓住每個學習機會，掌握難得的商機，成長突破，一步一腳印的努力，最後成為行業狀元。

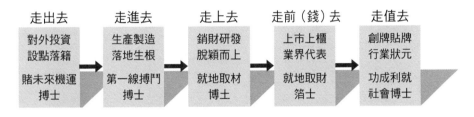

圖五十七　企業成為行業狀元的五個階段發展

　　其實，在微利時代「剩者為王」的環境中，力爭上游的企業仍有不少商機，台商可在（1）創新設計、（2）兩岸運籌、（3）培用人才、（4）經營品牌、（5）創造價值、（6）提高競爭力等六方面積極作為。在創新設計方面，可深研顧客的生活方式與文化；兩岸運籌方面則可加速通關，媒合材料與製造的分工整合；培用人才方面可培養跨行跨業的 π 型人才，強化其企劃力與執行力的結合；經營品牌方面則可從提高品質與品級著手，加強提供顧客看到、買到、服務也到的「三合一」

整合配備；創造價值方面則可在定位上由製造轉向服務來作調整，尋找不同的利基，不再做更多的價格戰硬拚；提高競爭力方面則要多做零件、人才設計方面的整合，且要即時接單、即時上市與即時收款，重點在爭取優勢而非只在時間上爭優先（見圖五十八）。

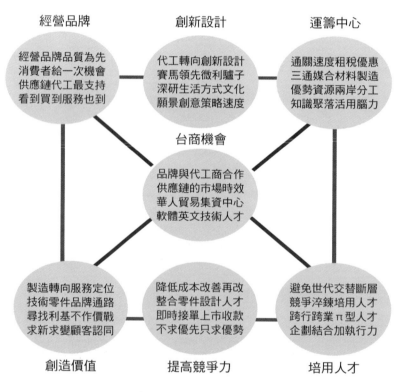

圖五十八　台商在微利時代的策略作為

當然，逆境就是殘酷的淘汰賽，也是面對挑戰，成為行業狀元的好機會，企業如能：（1）抓緊財務，（2）改善流程，（3）強化核心要素

，（4）加強顧客服務，（5）穩健平衡發展，（6）早做全球化佈局，亦可超越同業。畢竟，逆境是危機亦是轉機，逆境中的作為才易有事半功倍效果。依圖五十九的分析，假如能實現一、二分就可存活，做到三至五分必可發展，如能做到七、八分已是業界楷模，若能做到十分，則必然十全十美，成為行業狀元了。

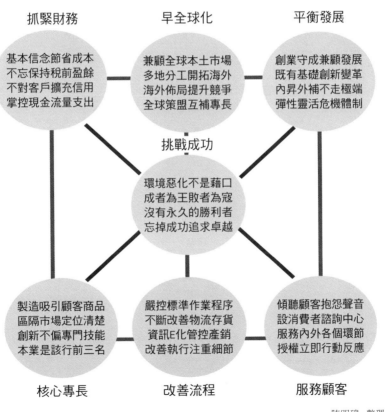

抓緊財務　早全球化　平衡發展

基本信念節省成本
不忘保持稅前盈餘
不對客戶擴充信用
掌控現金流量支出

兼顧全球本土市場
多地分工開拓海外
海外佈局提升競爭
全球策盟互補專長

創業守成兼顧發展
既有基礎創新變革
內昇外補不走極端
彈性靈活危機體制

挑戰成功

環境惡化不是藉口
成者為王敗者為寇
沒有永久的勝利者
忘掉成功追求卓越

製造吸引顧客商品
區隔市場定位清楚
創新不偏專門技能
本業是該行前三名

嚴控標準作業程序
不斷改善物流存貨
資訊E化管控產銷
改善執行注重細節

傾聽顧客抱怨聲音
設消費者諮詢中心
服務內外各個環節
授權立即行動反應

核心專長　改善流程　服務顧客

陳明璋　整理

圖五十九　逆境企業照樣賺大錢的祕密

專注一方的利基狀元

利基企業就是在「小池塘當大魚」，基本上它是隱形冠軍的一種，由於市場不大，一般都在美元十億以下，它可能是一分散型的產業，或其貌不揚的日常用品，或是成品需要琳琅滿目的零件、組件和配件，或是僅使用原物料加工做成最後成品，因種類繁多、管理不易，大企業對它多半沒有興趣，但這方面正是中小企業所擅長的領域，利基企業就在這個市場小池裡稱王。

一般而言，利基市場要具備五大條件，即：（1）具足夠的規模和購買力，企業可獲利；（2）具持續發展的潛力；（3）市場不大、差異性較大，強大的競爭者對它不屑一顧；（4）企業有足夠的能力和資源，對此市場提供優質的服務；（5）企業已在客戶間建立良好的品牌形象，足以抵擋強者入侵。

利基企業最大的競爭優勢就是專業與專精，他們持之以恆，不花心血從事多角化，他們不做本行本業以外的事。由於發揮滴水穿石的「專注」力量，使核心能耐擴大到極致，終於使這些不顯眼的角落企業登上世界第一的寶座。

其代表模式為：從無到有的創業（零基），尋找有購買力的潛在市場（有機），一發掘市場有此需求，就會趁虛（機）而入，且很快造勢尋機奠基，將此虛擬需求轉化為真實市場。這三個步驟是建立利基市場之前的佈局作為，緊接著就是紮根利基，有明確的市場區隔，堅持專業

要求、毫不妥協,且在關鍵技術上投資,累積競爭優勢,這些執著是要花數十年的力行功夫,也就是功夫下得深,才能有好的業績,最後美夢成真、創造奇蹟,成為利基狀元。

上述模式在傳統產業特別多,但高科技產業亦不遑多讓,且在中小企業到大企業都成潮流。當然,成為利基狀元的企業也有經由連鎖經營而擴大,成為世界第一大者,如Wal-mart。然而,以利基企業來看,大都仍屬中大型企業,變成超大企業仍屬不多。

利基企業顯然與專注如一的作為相符,其中,如傳統產業的德林義肢與競泰號碼鎖更是最好的例子。德林義肢從提供貼心的產品與服務做起,還包括有:從鋁製品擴及合金科技,從簡單製作到專業聚焦,研發、生產、銷售及服務全都包辦,在廣州設立職業學校培養專業師傅,在海外技術授權,建立連鎖配銷體系,定期蒐集顧客資訊改良產品,一直到開發兩百多項專利,累積研發優勢。

又如悠克企業由傳統產業轉型為高科技,從圖六十可看出:它首先進入大企業不能稱霸的利基角落——監控用攝影機,且盡快搶得市場先機、佈建配銷體系,進而參加國內外各種展覽,尋找潛在客戶,並將客戶建檔納入管理。緊接著提升自己的競爭優勢,並從事客製化服務,具備滿足各種客戶要求的服務能耐,並奠根研發能力,讓顧客願意成為研發人員訓練的來源,從實戰開發新產品與新規格的過程中,不斷培養自己的專業技術核心,最後再水到渠成,轉型成數位化監控用攝影機的行業狀元。

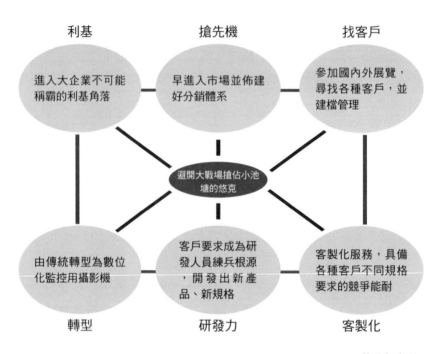

利基 搶先機 找客戶

進入大企業不可能稱霸的利基角落

早進入市場並佈建好分銷體系

參加國內外展覽，尋找各種客戶，並建檔管理

避開大戰場搶佔小池塘的悠克

由傳統轉型為數位化監控用攝影機

客戶要求成為研發人員練兵根源，開發出新產品、新規格

客製化服務，具備各種客戶不同規格要求的競爭能耐

轉型 研發力 客製化

陳明璋 整理

圖六十　悠克當小池塘大魚的祕訣

　　從上述營運模式，可看出利基企業成為世界級的企業甚多，圖六十一就指出台灣另有恆豐女鞋、成霖水龍頭、喬山健康器材、關中烤肉爐等八家企業，它們不但是世界的利基狀元，且有成為台灣股王的機會。這些企業的EPS極高，員工分紅多，且擁有自己的品牌，而領導人的特色是：（1）學歷普遍不高，（2）做事低調保守，（3）沈著專注本業，（4）堅持不多角化，（5）拙於言辭、外觀不顯眼，（6）害羞內斂、公關不強，（7）默默努力耕耘，（8）大力抗拒外界的誘惑。從領導人特色來看，他們完全專注單一的利基要求，至於其特殊作為與上述實例

分析大同小異，他們都能做到：（1）重視人才、專才的引進，（2）勤訪
客戶、重視市場動態，（3）持續學習求知，（4）重視知識管理，（5）力
行第一線走動管理，尋找對策，（6）勤思企業前景與突破。也因勤於耕
耘，才能累積眾多優勢，圖六十一列有八大優勢關鍵，說明企業最後成
為隱形冠軍之道。

企業實例 ➡	成功事蹟 ➡	領導人特色 ➡	特殊作為 ➡	優勢關鍵
恆豐女鞋企業 霖陽女裝成衣 成霖水龍頭 帝寶改裝車燈 喬山健康器材 宏全瓶蓋企業 關中烤肉爐 康那香衛生棉	EPS獲利極高 員工分紅嚇人 世界級的企業 擁有自己品牌 小而美表現優 鄉間無名英雄 小池中的大魚 番薯的企業家	學歷普遍不高 做事低調保守 沈著專注本業 堅持不多角化 拙於言辭外觀 害羞沈澱內斂 努力默默耕耘 抗拒外界誘惑	勇於引用專才 各地拜訪客戶 觀察市場動態 持續學習求知 重視知識管理 第一線尋對策 勤思企業前景 千錘百鍊精英	研發投入永不縮手 不斷提升品質品級 服務客戶不遺餘力 產品完整客戶依賴 行銷當地化創品牌 整合台灣國際資源 快速價廉合併夥伴 區隔市場再建通路

陳明璋參考《商周》整理

圖六十一　利基企業成為世界級企業的要訣

走在時代需求尖端的利基狀元——張瑞欽

企業小檔案

公司名稱	華立企業股份有限公司
成立時間	1968年10月1日
資本額	21.9億元
員工數	華立集團1,150人，內含華立台灣500人
2007年預估營收	合併營收237億元；華立台灣172億元

主要產品	半導體工業用化學品、材料及設備高機能工程塑膠
	印刷電路板產業用材料及設備
	平面顯示器暨光電產業用材料及設備

個人小檔案

出生年月日：1935年10月12日

學歷：國立成功大學化工系

現任：華立集團總裁、華立企業股份有限公司董事長、華宏新技股份有限公司董事長、成大創投董事長

經歷：中華民國強化塑膠協進會理事長、中國化學會高雄分會理事長、財團法人成大化工文教基金會董事長、國際扶輪3510地區2003～2004年度總監

獎項：86年度北美成大校友基金會傑出海外校友獎、91年度成功大學化工系傑出成就獎、92年度成功大學校友傑出成就獎

給後進的一句話：在校學習階段，多多選修相關課程，學好通識教育。畢業後，要依自己的志趣，選對行業，認真工作。

掌握高科技產業機先，開創企業王國

　　「華立在創立早期，就有明確的公司定位，要做有技術門檻、具附

加價值的利基型產品，靠頭腦賺錢，做出市場區隔。」華立集團董事長張瑞欽這麼告訴筆者，並加上一句：「找出台灣需要的，是我們一貫的經營策略。」

上述兩句話，正道出我國最大的高科技材料通路商華立集團三十九年來的成功祕訣，從創立初期率先引進遊艇、浴缸、高爾夫球竿、釣魚竿等行業需要的玻璃纖維、不飽和樹脂等複合材料，到最近的最新奈米及LCD材料等，在張瑞欽的帶領下，華立總是著著佔先機，引進每一階段最需要的尖端明星產品給台灣科技業者，他指出：「華立的名片印有『前瞻材料、科技領航』，這八個字正可以說明華立獨特的營運利基所在。」他進一步解釋華立找尋利基的方法：「我們透過供應商、客戶、專業期刊報導及國內外展覽等多重管道，快速嗅出未來明星產品及製程發展趨勢，從材料開發到市場應用、耗材設備供應等階段，與供應商、客戶產生緊密而牢固的合作關係。」

華立要稱霸大中華地區

隨著時勢的變化，華立近十年來在大陸積極發展，五年前歡度三十五週年慶時，張瑞欽就宣示華立的新目標：「在2010年前，華立要成為大中華地區高科技材料、設備及技術等全方位服務的最大通路商。」在2008年的今天看來，華立已在北京、上海、香港、東莞、長安、蘇州、惠州及句容等地設立工廠、公司或辦事處，供應各種高科技材料，要達成這個目標並不是難事。

張瑞欽當年是白手創業，歷經多年努力後，今天的華立在日本、美國、東南亞等地都有公司、工廠及辦事處，大陸是華立集團全球佈局中的一個重要區塊。已七十多歲的張瑞欽回憶說，他出身南投碾米廠的富裕家庭，但隨著父親的早逝，家道中落，靠母親為人洗樹薯維持家計，他自幼即深刻體會必須努力向學，才能振興家業。他是在「學費自己想辦法」的狀況下，才完成成功大學化工系學業。

畢業後憑著良好學歷，進入台糖研究所做臨時研究員，不久轉到中油高雄煉油廠擔任工程師，他積極認真、對工作領域中的新奇事物充滿好奇心、喜歡發問及提出看法，因而獲得主管注意與賞識，很快的被拔擢為主管，這一段工作經驗奠定了他的經營管理信心。

中油的待遇、福利和發展前途都是非常吸引人的，但為什麼年輕的張瑞欽卻決定離開這個人人稱羨的職位，投身風險高的創業之路？張瑞欽說，這或許與自己的家庭出身有關吧！他承認在中油確實不錯，但總是無法自由發揮：「我開工廠的夢想從未消失，只是沈潛，等待機會。」張瑞欽在值夜班時，夜深人靜的時刻思潮起伏，最後總是更加堅定自行創業的信念。

擺脫削價競爭，確立「知識和服務」路線

1968年，張瑞欽終於創立華立公司，資本額只有五十萬元，辦公室就設在高雄一處老舊公寓。開始時礙於資本短絀，只敢做一些化學品的買賣，但他很快的發現：「如果光是做通路，最後就是拚價格，落得

流血競爭的局面，更有背離開中油公司自行創業的初衷。」

張瑞欽經多番深思，決定要靠「知識」尋找具有技術門檻的產品，這正是拉開與一般競爭者距離的好方法，因為他念的是化學工程，又在煉油廠工作十年，材料性質的掌握及技術問題的解決是他的強項，突破了拚價格的死胡同後，華立很快的走上康莊大道，近四十年來，公司定位始終是「技術、服務」，在每一波的產業轉型升級關鍵時刻，華立都能搶先提供明星產品給廠商。

華立的供應商以日商為主，最先是經同學介紹，與日本長瀬株式會社合作，自此合作到今天。後來又經長瀬的推介，成為美國奇異（GE）公司的工程塑膠原料Noryl的獨家代理。張瑞欽說，與日商做生意很難，但一旦打入供應鏈，就有機會維持長久的良好關係。他舉例說：「長瀬是奇異的遠東總代理，他們推介華立代理奇異的工程塑膠。」

每一年代都佔機先、創造明星產業

綜觀華立的發展軌跡，發現華立總是掌握時代需求，引進每個年代最灼熱的明星產品，使公司規模越做越大，蛻變成台灣最大的科技材料供應商，進而稱霸大中華地區。

在1970年代，世界發生二次石油危機，原油從一桶四至五美元漲到三十美元，台灣政府推動十大建設；同時國外的遊艇業開始在淡水河畔設廠，帶動我國玻璃纖維（FRP）產業；不久，碳纖維的發明啟動了

我國運動器材工業，從釣魚竿、網球拍、高爾夫球竿到高級腳踏車，都名列世界前茅。

華立在張瑞欽的帶領下，搶先掌握了三個大商機：複合材料、工程塑膠和印刷電路板用材料與製程設備。雖然產業變化起伏，上述三項到今天仍然是台灣工業界所需要的材料。

1980年代，我國政府大力推動半導體產業，華立馬上引進半導體封裝材料及半導體製程材料，台積電、聯電、旺宏、華邦、力晶、南亞、茂矽、飛利浦、日月光等都是華立的客戶。

1990年代，桌上型電腦及光電產業開始萌芽，電腦及其周邊產品等的外殼都需要工程塑膠；同時我國有線電視開播，光纖與光電的主動及被動組件出現大量需求。華立成立長華塑膠公司專門代理、銷售奇異的工程塑膠，同時還引進光電材料與組件，以及鎂合金射出成型設備。

2000年代，LCD顯示器產業興起，華立自行研發TN／STN，繼而從日本引進TFT技術，對政府所推動的兩兆三星產業，華立發揮了開啟大門的功能。華立並引進LCD材料，其客戶有友達、奇美、中華映管、群創、彩晶等。

客戶的成功就是華立的成就

張瑞欽特別指出，多年來華立從供應商方面學到許多寶貴的管理觀念和技巧，如從美商奇異學到行銷觀念和目標管理；從日商長瀨學到專業商社的經營。

對客戶，華立也努力地把最新最正確的技術知識和管理技巧傳播給客戶，以辦研討會、發資料甚至請原廠技師來台等方式使客戶快速掌握材料性質，進而快速開發新產品。

張瑞欽說：「客戶的成功也就是華立的成就，凡事都要替客戶設想，幫忙解決技術問題，長久下來，客戶自然信任及依賴華立的服務。」

近四十年來，台灣產業變化萬千，有些早已消失不見影蹤，而華立總是站在產業新浪頭，其中的奧祕何在？張瑞欽指出，日本一流的化學材料、設備供應商如長瀨、住友、帝人、JSR日本製鋼所等都與華立有長期合作；同時華立對台灣本土的產業動態總是保持最快、最新的瞭解，因此能比競爭者提早撮合雙方合力開發新產品。他舉了一個例子：華立在確切掌握奇美要開發液晶電視，必須把原本使用的壓克力擴散板換成PC擴散板的消息後，就馬上告知日本帝人公司此一商機，後者開發成功後，馬上送去奇美測試，果然這個生意就做成了。對日本供應商來說，華立等於是他們在台灣的先頭部隊，為他們積極開拓市場。

而華立優越的金流和物流服務能力，更是供應商和客戶心目中最具吸引力、無可取代的。張瑞欽說，華立有三千多坪的倉庫，在桃園、新竹、台中、高雄等地更設有恆溫倉庫、十多部設有GPS衛星導航以及自動記錄溫度變化的糟車。

張瑞欽最後指出，華立一直在進行組織再造、透過四大構面（財務、客戶、內部流程、學習成長）smart目標管理等，以達成文化傳承、企業永續經營的終極目標。至於對有志成為行業狀元的年輕人的提

點，他只扼要地說：「做人一定要誠信、要用功、要選對行業！」

創造價值的知識狀元

　　隨著時代的進步，知識已成為企業最主要的生產因素（見圖六十二
）。它同時也是知識經濟時代最主要的進步動力（見圖六十三），有了
先進技術與時代知識，則企業已立於競爭中不敗的地位。企業最大的功
能，不只是蒐集周遭所發生的各種資訊（包括國際政治、基本產業及技
術面等），而是進一步將這些資訊有系統地與企業經驗加以結合而成為
知識，且利用這些知識轉換為利潤。知識如能與最好的實務相配合，就
可提升為智慧，進而創造價值，這些價值創造其實就是企業管理各個層
面的搭配組合，包括營運模式、策略規劃、組織設計、制度流程、執行
考核及物流通路等，這些層面的有效運作，就是將資訊進一步化為知識
與智慧，最後產生價值（見圖六十四）。

　　其實，以知識創造價值並不深奧，企業主只要多用一點心，以經營
所習得的知識加上經驗，有系統地加以研討，就可以深入瞭解與發現。
如能將大家所熟知的常識，加上觀察與經驗，並融入現場的顧客要求，
或同事的互動與商討，再反覆地加以探討，就可發現那比常識多出來的
百分之二十的知識與發現。一而再的尋找叫「研究」（re-search），
拋棄覆蓋物，找到新事物的關係與新的內涵為「發現」（dis-cover）
，有了這20%的知識投入，再加上鍥而不捨的精益求精的素養，則必然
就有見識。這種常識→知識→見識的三階段努力，就會理出新而有效的
創造價值之知識營運模式，成為知識狀元就有可能。

130

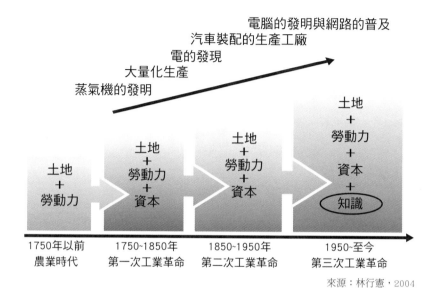

電腦的發明與網路的普及
汽車裝配的生產工廠
電的發現
大量化生產
蒸氣機的發明

土地
+
勞動力
+
資本
+
知識

土地
+
勞動力
+
資本

土地
+
勞動力
+
資本

土地
+
勞動力

1750年以前
農業時代

1750~1850年
第一次工業革命

1850~1950年
第二次工業革命

1950~至今
第三次工業革命

來源：林行憲，2004

圖六十二　知識是第三次工業革命的重要元素

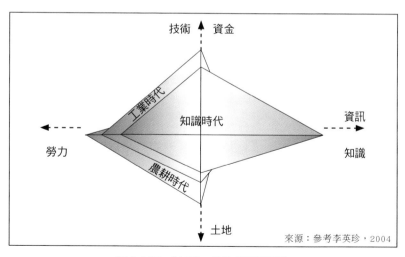

技術　資金

工業時代

知識時代

資訊

勞力

知識

農耕時代

土地

來源：參考李英珍，2004

圖六十三　「知識」的時代版圖移動

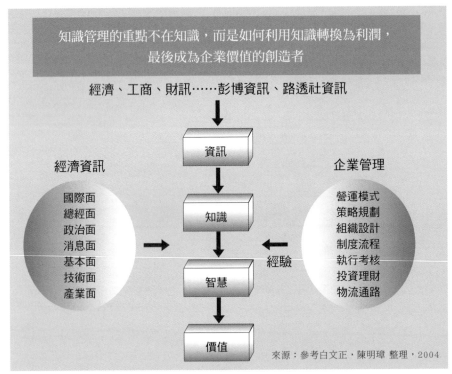

圖六十四　知識管理的功能

　　其實，第二章圖三十五就是創造知識價值最好的營運模式，因為只有從常識現象進一步到知識精練，企業才有生存發展之機，如果能一步做到見識的磨練素養，則顯然企業已進入佳境，少有競爭對手，最後如能再補上關鍵的20%，則因知識進階就能成為行業狀元。

　　聯強國際的總裁杜書伍曾說：你懂得行業裡大家都知道的80%事物，那只是「常識」，而不是知識，另外20%決定勝負的才是專業知識，

這也就是「說什麼是什麼，做什麼像什麼」的專業品質水準。很顯然，擁有行業獨特的20%專業，才有可能做自己所在行業的老大，這20%的專業就是企業人不斷地進修學習、紮根的基礎能力。它是一種見樹又見林的功夫，既有廣度的視野，又有深度的專精，在強烈的好奇心下不斷地追根究柢，且有連問Why？Why？Why？甚至有像豐田問五個Why的打破沙鍋問到底的要求，才能達到止於至善的境界。

以歐德服飾賣知識進軍大陸為例，小學畢業的裁縫師何玉玲，從幫人做家庭代工起步，做到橫跨兩岸的連鎖服飾集團，年營收五億元。圖六十五指出，歐德服飾成為知識狀元的歷程，其成功之道有三大核心。首先，她從目標管理進展，到知識管理，再以知識輔導當地商家開店，授權當地工廠做衣服賣給商家，其連鎖授權所賣的是「專業知識」而不是賣衣服。從歐德成長歷程來看，它每一階段都有高於別人的卓越表現，即一開始幫人代工，就以精緻的工法，收取較同業高三成的代工費，在成本方面就懂得轉請別人代工，來壓低成本。在設計方面，她亦別出心裁，捨棄主流，用便宜的零碼布創造獨有特色。在行銷方面，她利用預售制度來訂貨，先收客人預付款週轉，降低營業風險。在策略方面，她靈活將套裝拆開來賣，掌握設計，讓款式新穎有韻味，再搭配合理的價格，搏得上班族青睞。最後在中國建立品牌，再授權當地加盟店，以賣知識輔導當地廠商。這一路走來，她不斷地將知識和經驗組合，讓企業營運靈活，可說是利用知識來轉換為利潤，成為企業價值的創造者。

如再進一步分析，企業創造價值有「知識創造」與「價值創造」兩大部分，每一個部分又各自不斷地創造螺旋（見圖六十六）。歐德從其

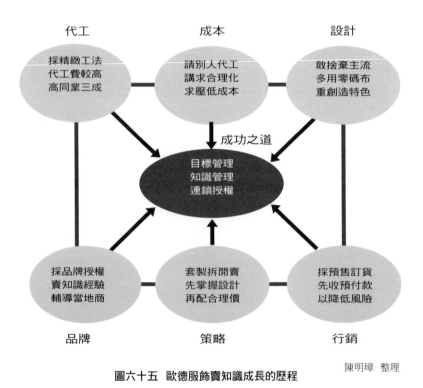

實務經驗與職場考驗中，學習到走出與眾不同的路來，由圖六十五的六階段，可看出歐德對代工、成本、設計、行銷、策略及品牌問題都有一套對策。透過目標管理，她將內隱對策變成外顯實務，每一階段的考驗，也逼她將習得的知識經驗更有系統地整理。由內隱到外顯，將新問題內隱化，再用外顯對策化解，如此一而再，再而三，歐德服飾終於有一套知識管理體系，可以授權讓人加盟做連鎖管理，經過學習研發、教育訓練與經驗的分享，歐德不斷地創造知識螺旋。

代工　　　　　成本　　　　　設計

採精緻工法
代工費較高
高同業三成

請別人代工
講求合理化
求壓低成本

敢捨棄主流
多用零碼布
重創造特色

成功之道

目標管理
知識管理
連鎖授權

採品牌授權
賣知識經驗
輔導當地商

套製拆開賣
先掌握設計
再配合理價

採預售訂貨
先收預付款
以降低風險

品牌　　　　　策略　　　　　行銷

圖六十五　歐德服飾賣知識成長的歷程

陳明璋　整理

134

　　另一方面，它亦經過價值創造與價值的管理，讓成衣的設計、代工製造、成本控制、行銷行為、策略規劃及品牌授權，得以不斷創造螺旋。從設計→代工→成本→行銷→策略→品牌，中間各環節皆控制得宜，自然可獲高利。尤以代工費用低，預收貨款又無風險，且高價設計套裝又靈活分售，進軍大陸不自己生產，而改授權生產，加盟商家來做連鎖管理，這樣手法非常精妙，可收成本少、收益高，創造利潤價值自然顯現，成為知識狀元是水到渠成之事。

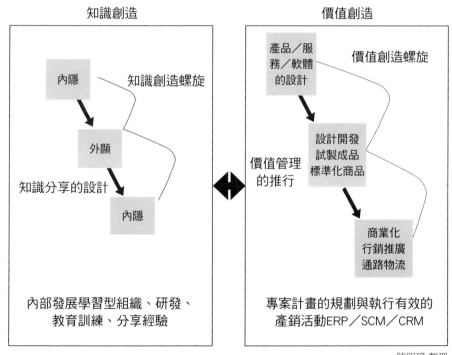

陳明璋 整理

圖六十六　企業創造價值的二大關鍵性活動

　　至今，知識管理的內涵變化甚多，從早期王永慶的客戶資料與需求紀錄追蹤，到現在用IT技術與軟體的應用，從圖三十四與圖六十一所列的各八家企業來看，其專業將常識變知識，再加上見識的素養訓練，未來IT工具的使用顯然會增加。因此，圖三十五的知識進階管理模式與圖六十六的二大知識創造價值活動，顯然尚有更大發展空間。

　　雄獅旅行社的王文傑就是另一個創造價值的知識狀元實例，他在2007年創造超過二百六十億台幣的業績，從隱形冠軍邁向顯形冠軍之路。雄獅很清楚其核心優勢的供應鏈管理，且以供應廠商到客戶價值中間的供應鏈環節，來管理其行業與內部系統。另外又勤於先將規章制度SOP化，並在十年前開始施行ERP等資訊系統，對E化的線上學習與人才培育大力投資。圖六十七顯示雄獅的知識管理相當落實，因此雄獅得以三種價值創造，形成新的顧客滿意微笑曲線，其中創新價值以品牌和同業結盟，E化作業規劃則因大筆投資創造資訊價值，最後才提升服務價值。由這三環節的價值創造，雄獅旅行社方得以在業界稱雄，成為知識狀元（見圖六十八）。

　　以知識創造價值的趨勢正方興未艾，未來必然有後繼的知識狀元出現，其營運模式也必推陳出新，讓行業狀元類型與內涵有更多變化和更新。

旅遊業知識鍊之阻隔

Thrown over the wall

Information
資訊

| Data 資料 | Information 資訊 | Knowledge 知識 |

Boundaries

供應廠商

| 市場 研究 | 產品 企劃 | 採購 作業 | 接單 作業 | 生產 作業 | 旅程 服務 |

客戶價值

Core Operating
Activiting
核心活動

SOP   Location   V-organization   Line up

Infrastructure基礎
設施

| SOP 規章制度 | ERP 資訊系統 | E-learning 人才培訓 |

圖六十七　雄獅旅遊知識管理的基礎

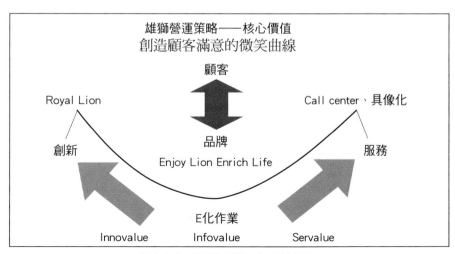

雄獅營運策略——核心價值
創造顧客滿意的微笑曲線

顧客

Royal Lion

Call center、具像化

創新

品牌
Enjoy Lion Enrich Life

服務

E化作業

Innovalue　　　Infovalue　　　Servalue

圖六十八　雄獅旅遊核心價值的創造

137

淬鍊人才、創造價值，建立雄獅旅遊王國──王文傑

企業小檔案

公司名稱	雄獅旅遊集團
成立時間	1977年6月6日
資本額	2億8,000萬元
員工數	1,500人
2007年營業額	約新台幣205億元
獎項	1. 雄獅旅遊為台灣旅遊業第一名（《商業周刊》2005年一千大服務業排名第一百一十一名，為旅遊業之冠） 2. 雄獅旅遊網排名台灣旅遊網站第一名（Alexa.com網站動態隨機調查） 3. 雄獅旅遊網提供一站購足、全年無休服務，無論網站流量、營業額、服務滿意度等指標，皆領先所有旅遊網站（Yahoo 2005年網路旅遊消費者品牌調查） 4. 雄獅旅遊網集團公司在美洲、大洋洲、亞洲，全球共有三十五個實體服務據點，結合雄獅旅遊網，為全球旅人做貼心的在地服務

個人小檔案

出生年月日：1953年2月26日

學歷：東海大學政治系畢業

現任：雄獅旅遊企業

經歷：1993年《商業週刊》評定為台灣十大風雲人物、1995年當選旅遊雜誌年度Top People、1996年榮獲交

通部觀光局表揚為優良從業人員、台灣觀光協會董事兼大陸旅行交流事務諮詢委員會召集人、中華觀光管理學會第一屆常務理事、台北市旅行公會第八屆理事、台北市旅行公會第九、十屆常務理事兼大陸委員會召集人

「人才培育是雄獅正加緊在做的事，因為人才可以為企業創造價值！」雄獅旅行社董事長王文傑情緒高昂、略帶急切地一再強調國際化和進軍中國大陸是雄獅的目標，而以雄獅目前所擁有的種種優勢來說，上述目標都是指日可待的。在明確的目標下，雄獅清楚知道要朝什麼地方努力，而加強人才培育是其中一個重要環節！

對近五年來快速竄起的雄獅來說，年產值千億新台幣以上的台灣市場固然是絕不放過，大中華經濟圈市場更是兵家必爭之地，王文傑說：「未來三至五年雄獅要國際化和進軍大中華經濟圈，不是只做台灣第一品牌而已！」

要成為大中華經濟圈的大品牌

雄獅自創辦至今已有二十多年歷史，歷經數度變遷，才有今天的格局。在關鍵人物王文傑加入之前，雄獅只是一家小旅行社，專辦美加旅遊線，一直在生存關口上掙扎。直到1985年，王文傑被聘為副總經理，為雄獅開拓歐洲、澳洲、紐西蘭等線，算是有點突破。但這家旅行社問題重重，不久，董事長和總經理都相繼退出，王文傑當時標了一個會，把錢湊一湊，就接下了雄獅的經營。接下雄獅，並不是一時衝動，而

是來自王文傑的國際視野和旅遊業實務經驗。

二十八年前，王文傑自東海大學畢業時，正值台灣放寬觀光簽證，他順著時勢於1979年進入當時最大的理想旅行社負責歐美路線，這使他大大開拓了個人眼界，並對他日後創業有著重大的影響。

王文傑當年第一次踏進瑞士時，最令他讚嘆的，是高度企業化經營管理的旅遊業者。他當時站在瑞士最大的旅行公司Kuoni的十二層高的辦公大樓前，猛然發現旅遊業的巨大發展空間和最高經營品質指標就矗立在眼前，Kuoni內部有完整的流程分工、MIS系統，其套裝行程有上百種，最令他印象深刻的是，該公司的導遊都考取專業的導遊證照、精通歐洲史地。他當時就暗暗對自己許諾，以後要經營一家追得上Kuoni的旅行公司。

接下雄獅旅行社是他真正築夢的開始，王文傑為發展業務，聘請來一些能帶來業務的人員，這其實是小山頭式結合，掌握業務的人員以其所帶來的利益與旅行社合作，但也難以管束。

到了1990年，王文傑決定調整經營模式，把雄獅從靠人脈、靠業務員的狀況扭轉為有制度、有管理、有品質的旅行社。在改革之初，多位離職人員成為雄獅的競爭對手，但王文傑咬著牙渡過了這個改革期。他說：「如果不忍痛改革，雄獅沒有前途；而現在建立起來的制度、管理和品質是任何人也帶不走的。」他指出，自此雄獅的業績一天比一天發展。

在1999年時，旅行業發生生態上的衝擊，一些靠人脈的業者遭到淘

汰；2003年SARS期間，也是旅行業受到考驗、大清盤的時刻，至今台灣的旅行業已進入成熟的階段，有管理、有品牌及已標準化的旅行社不但站穩了陣腳，還能掌握時勢地快步國際化以及揮軍大中華地區。

王文傑接手之初雄獅只有十來人，今天員工人數達一千多人、年營業額兩百億以上，在洛杉磯、溫哥華、雪梨、奧克蘭、泰國、香港、廣州和上海都廣設營運據點，他除了在人事方面大革新，還做了些什麼重大的決策而得以成為台灣旅行業的龍頭，並產生巨大能量進軍大中華市場？

引進資訊人才，建立資訊管理基礎

王文傑指出，早在十多年前他即不斷思考雄獅的長遠經營之道，他決定建立本身的資訊系統，以建立管理基礎。當時內部面臨兩個選擇：有必要量身打造自己的系統嗎？還是以現成的套裝軟體來修改？經多次討論，王文傑慢慢的傾向建立自己系統，認為這是較安全及可長久發展的做法。

為了雄獅的電腦化，王文傑把觸角伸進外商圈子，很快的從氰氨公司找到一批電腦化人才，其中三位是雄獅電腦化的重要功臣：目前擔任總經理的裴信祐、主管電腦整合管理的副總經理陳憲祥以及管理資訊系統的王淑央。他說：「1990年引入別的行業的資訊人才，是非常重大的策略決定。」

裴信祐早年在台塑總管理處參與台塑的e化長達五、六年，每星期參加由台灣經營之神王永慶親自主持的午餐會報，練就一身追根究柢和

崇實務本的管理能力，後來轉到氰氨擔任資訊部主管。陳憲祥則是淡江大學電算系畢業，曾任震旦電腦系統分析師和美商氰氨資訊部經理。王淑央也是科班出身，在氰氨表現極佳。然而，當年的雄獅只是一家小公司，而旅遊業也是不受社會重視的行業，王文傑如何說服他們捨氰氨而就雄獅？王文傑的回答是：「我有一點幸運，我請他們來雄獅做顧問，讓他們慢慢瞭解雄獅以及旅遊業其實是潛力極大的行業，激起他們的興趣。」

陳憲祥則指出：「氰氨是買套裝軟體再修正，雄獅則是全新打造一個平台，對資訊人員來說，可以充分發揮所學以及深入此一行業，真是具有致命吸引力。」他並指出，雄獅的資訊預算是沒有上限的：「因為資訊科技是提升旅遊品質的重要工具，是拓展業務和創造競爭優勢的武器。」王文傑則神情堅毅地說：「我們勒緊褲帶也要支持資訊方面的投資。」

王文傑這個傾公司之力投資發展資訊管理的決策，在十多年後的今天看來是絕對的正確，但在當時他又如何認定這是一個絕對正確的決定？王文傑的回答是：「我不是天才，我是困而知之的人，在不知應如何決定時，我會閱讀、討論、學習、向學者專家請教，以逐步釐清問題。」他坦然指出：「當時雄獅是有困難，確實要有膽識來支持這個抉擇，也許是性格吧，我敢下這個賭注！」

他驕傲地一再指出：「雄獅是華人同業中資訊管理最強的一家！」而這正是雄獅進軍中國大陸的犀利武器！王文傑說，雄獅必須整合大陸的旅遊業者，才能成就在中國的霸業。而雄獅最吸引大陸業者的強項是

：先進的管理能力、電子商務平台、海外的體系架構、行銷能力、分銷管道以及優良的品牌。

他也指出，大陸業者本身進步也很快，對大陸政府開放旅行業的態度是深具自信，同時也要走向國際；而國際上一些超大型的旅遊業如Kuoni、Tui（德國）、America Express（美國）、JTB（日本）……都正在設法到大陸發展。所以台灣業者要趕快因應時勢做變化，不可閉關自守，否則就會被邊緣化。對上述情勢，王文傑的策略是，以國際化力量來進軍大陸，近兩年來他也在考慮接受國際大旅遊業的邀請，與其合作經營。他前年帶領十八位主管到上海辦公室，讓大家深入體驗如何運用資訊管理全球。他本人花大量時間停留在上海、北京等大城市，以掌握大陸狀況做出正確決策，台灣的日常管理則交由各主管接手。

要在中國市場爭霸，王文傑念茲在茲的仍然是人才，整個企業都必須再學習，主管要不斷的再進修，他透露目前正在籌辦雄獅大學，以便有系統的培育人才。他特別指出，現階段的人才培育必須從大中華及全球的觀念來推動，絕不可停滯在台北觀點。而所培育的人才要同時具備國際化和當地化的能力，才能勝任工作。目前雄獅的員工來自全球，經常有不同地區的人員受訓。對跟不上發展的主管則訂出退場機制。

王文傑當年在電腦化時，首要之務就是找人才，今天要進軍中國大陸，他還是要先找人才以及有系統的培育人才，因為他深切知道企業不斷的轉型、創新價值，就是靠融合帶來各種專業知識的人才！回顧來時路，他說：「我們是累積了這十多年的學習以及實務經驗，才有能力談進軍中國市場的策略和執行方法！」

他最後特別提醒年輕人：「不要太心急，凡事都得先練好基本功，像雄獅就練了十多年基本功！練好基本功的人才能抓住趨勢和機會！」

群聚紮堆的珠峰狀元

群聚紮堆是一種相互刺激與拉拔的力量，彼此相互競爭，卻也有依存合作的現象，這種既競爭又合作的現象（cooptition），不斷衝擊現有的企業。為求發展，企業都要學習成長，這種激盪的力量使企業不得不加強互動，結果大家在相互刺激拉拔之下，如能聚合成一中心衛星體系，或能設計一種營運模式，使零組件或配件廠都能相聚在附近或同一工業區，國外客戶一到該地，就可充分供應其所需，即「one-stop shopping」（一站購好物），這樣，一則降低其採購成本，一則保證其所需的產能供應，就容易綁住客戶，這種群聚的磁吸效應，使少數企業可獲得最大的規模之競爭優勢。成果就如聖母珠峰一樣，一再被拱而上，第二章圖四十八就是此一模式最好的說明。

另一方面，A. Maslow的需求演進模式與土屋的創業升級論，亦與群聚紮堆效應有異曲同工之妙。創業家在其心理層次需求的驅動下，不斷地開疆闢土，並與中心衛星廠結盟，或是與經銷商體系締結盟約，這些都是使企業能快速成長的助力。圖二十的企業發展階段論，從依強→附強→融強→聯強→自強→最強，這種發展當然不是直線性的，中間必然有個過程，但長期發展必然要走這樣的途徑。從聯強到自強階段，企業已經在走同業與異業的交流與結盟，如果產業群聚效果更好，則成

為珠峰狀元的機會將加速。台商過去在台灣的科學園區，以及現在中國大陸產業快速群聚效應，正可說明台商能成為珠峰狀元之因，如寶成製鞋、捷安特與美利達腳踏車、正新與建大輪胎，都是最好的例子。

同時，企業如果奠定好基礎，有一個良好的運作體系，就可透過內外部合作創業的方式來做連鎖經營，這種結合內部員工與外部想創業的人來結盟，不僅可在國內發展，亦可在國外拓展。事實上，它本質上亦是一種群聚的絮堆效應，圖十八的曼都天蠶再變，可看出從多店→連鎖店→品牌連鎖店→國際品牌集團的發展模式，已使曼都成為珠峰狀元。當然這樣的例子甚多，如化妝美容業的自然美、食品業的永和豆漿、星巴客咖啡、珍珠奶茶、王品牛排館等，在不同的領域，如管理體制良好，又有IT工具的配合，建立連鎖的群聚效應，成為珠峰狀元將不只是個夢。

再以寶成集團為例，寶成到海外投資之後，已建立世界製鞋的代工王國，同時替Adidas、Reebok、Nike等二十多個世界名牌代工，但製鞋畢竟是夕陽產業，進入門檻並不高，寶成為保持優勢，就要繼續降低成本以求升級，它還不斷利用異業結盟，來達成群聚的珠峰成果，最具體的做法就是逐步向上游的鞋材縱向整合，同時合資建立物流公司，優化整個供應鏈的管理，在一個低門檻的行業建立了難以超越的進入障礙，終於成為行業狀元。

具體來說，寶成的縱向整合就是採取「聯強」結盟合作，如在鞋盒供應方面與正隆紙業合資；在原料皮革方面與美國最大的皮革加工商與出口

商Prime Tannoy合資,建立Prime Asia皮革廠;在物流方面與李嘉誠旗下的LINE合資,組建寶線物流,有效整合物流運籌的供應系統。有此降低成本的優勢基礎,再將各名牌的生產線完全分開,由不同的事業部負責個別的品牌,員工的收入與個別利潤中心緊密結合,管理人員且要嚴格為客戶保守商業機密。而重要的是寶成和每個品牌商皆採研發新產品的同時合作管理,且與各品牌的研發中心就產品設計與生產工藝環節成立工作小組,同時開發與執行整個作業細節。因在產銷有良好的群聚紮堆的管理,透過客戶與供應商的異業合資合作,寶成終於成為製鞋的珠峰狀元(詳見圖六十九)。

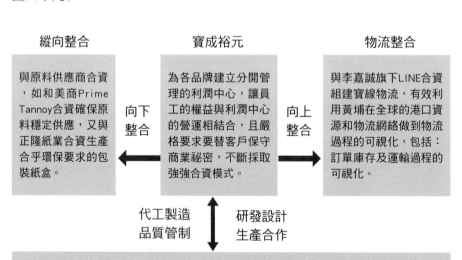

縱向整合		寶成裕元		物流整合
與原料供應商合資,如和美商Prime Tannoy合資確保原料穩定供應,又與正隆紙業合資生產合乎環保要求的包裝紙盒。	向下整合	為各品牌建立分開管理的利潤中心,讓員工的權益與利潤中心的營運相結合,且嚴格要求要替客戶保守商業祕密,不斷採取強強合資模式。	向上整合	與李嘉誠旗下LINE合資組建寶線物流,有效利用黃埔在全球的港口資源和物流網絡做到物流過程的可視化,包括:訂單庫存及運輸過程的可視化。

代工製造　研發設計
品質管制　生產合作

Adidas, Nike, Reebok, New Balance要求供應物美價廉、交期準時的產品,且要寶成盡到社會責任,做到無環保污染的管理;另與寶成共同開發新產品,包括:鞋材設計模具及採購等生產工藝,雙方密切合作。

陳明璋 整理

圖六十九　寶成成為製鞋業珠峰狀元之道

逆流而上，成為世界木製家具霸主——郭山輝

企業小檔案

公司名稱	東莞台升家具有限公司
成立時間	1995年10月19日
資本額	49,734萬港元
員工數	4,328人
2007年預估營收	52,087萬人民幣
2007年預估獲利	299萬人民幣
主要產品	木製家具
市佔率	5%

個人小檔案

出生年月日：10月5日

學歷：淡江大學合作經濟系學士、Pacific Western University碩士

現任：台昇國際集團董事長、全國台灣同胞投資企業聯誼會常務副會長、東莞台商協會輔導會長（第六、七屆會長）、東莞台商會館大樓董事長、東莞台商醫院董事長、東莞市家具公會榮譽會長、台灣區家具公會常務監

事、東莞台商子弟學校董事、海基會顧問

獎項：2004廣東省十大風雲人物、2006 Furniture Today Award：
Supplier of the Year

給後進的一句話：如果敵人讓你生氣，那說明你還沒有勝他的把握

對世界木製家具霸主台昇國際集團董事長郭山輝來說，每一次的經營環境大變化或大打擊，都是他向上騰空飛躍的大好機會！正如他的自我剖析：「台昇能有今天的格局，原因很多，轉折很多，我多年來遭遇許多困難和危機，但危機如果處理得當，就是轉機，就是向上發展的大好機會！就能脫穎而出！」

十六年前，原本在台中經營木製廠的郭山輝與台灣木製家具同業遭逢空前的經營環境危機，面臨停業（或轉業）、留在台灣轉型升級及遠赴國外發展的痛苦選擇。郭山輝選擇了最困難的一條路：到一片荒野的大陸東莞鄉間設廠，這幾乎是赤手空拳重新創業！

台灣原本是家具的製造大國，在全球佔有重要地位，特別是1986年至1993年之間最為繁榮昌盛，每年平均出口值達二十二點一六億美元，其中以木製家具為大宗。但自90年代起，台灣業者卻開始面臨內憂外患的嚴冬期：新台幣不斷的升值、環保要求日益嚴格、工資上升、勞動力不足、原木材料取得日益困難，再加上馬來西亞、印尼、中國大陸

等木製家具新興製造國的崛起，導至家具出口值逐年衰退、大量廠商外移或停業。曾是亞洲最重要的家具展覽會之一的「台北國際家具展」竟然中斷、停辦，可見台灣家具業所面對的是生死存亡的重大危機！

郭山輝就是背負著必須殺出一條血路的堅毅決心，落腳當年漫山遍野都是荔枝林的東莞大嶺山。今天的大嶺山，呈現的是郭山輝所創建的佔地四十公頃、相當於八十個足球場的廠房、三百多家同業以及周邊的協力廠商林立的景象！沒沒無聞的大嶺山早在十年前就成為世界最大的家具生產基地，而每年舉行的東莞家具展成為舉世矚目的重要展覽，來自全球的買家高達八千至一萬家、大陸買家則達約兩千家。

郭山輝所經營的台升家具（在台灣為台昇家具），則從年營業額不到一億元的小工廠（在台灣），一躍成為一百七十億的世界級霸主，近年來大力發展大陸內銷市場，預計將會有更驚人的表現，郭山輝主動迎接大環境的變化，改變了自己的命運，也創造了整個家具業的歷史！

呼群保義，兄弟共上大嶺山

郭山輝當年為找尋生機，走遍了泰國、馬來西亞、印尼、中國大陸等地，最後決定落腳荒蕪的東莞大嶺山，他心中已有一套周詳的計畫，他深切瞭解，整個木製家具工業配套的業者必須一齊移師，才能成功。豪順家具廠董事長吳浴全回憶說，1991年在一場飯局中，郭山輝對大家慨然承諾：「到大嶺山投資，失敗的損失由我負責。」就衝著他這份氣魄，吳浴全與其他四家工廠（生產家具漆料的大寶集團、做家具貼皮

的金石、做家具零組件的寶鴻以及做塗裝的銓一），決定與郭山輝一齊上大嶺山打拚。吳浴全說，當年六個老闆一起住進租來的宿舍，創下了台灣家具業第一次聚集在一起聯合設廠的歷史！

　　郭山輝選中大嶺山的著眼點是：東莞的人工成本只有台灣的十分之一，又有政府提供的三免二減半的賦稅優惠，而其地理位置適中，一小時車程即可到深圳的鹽田港；最重要的是，他可以在這如白紙的荒原上盡情揮灑，打造可以節省近三分之二時間的一貫化生產線工廠，也就是說工期可以由一百二十天縮短為四十五天、成本有機會降低四分之一。而郭山輝以一個小廠竟能說服配套的廠商，在東莞形成產業聚落，創造出一貫化生產的條件，除了一份承擔的氣魄，還有令人信服的具體執行計畫。

　　這種產業群聚紮堆形成後，果然運作順利，東莞台升廠「隔年就獲利」，他很自豪地說，在台灣一年營業額四百萬到五百萬美元，但到大陸一年八個月就做了八百萬美元，他在三年內關閉台灣工廠，全力在大陸擴廠。

　　同時這個聚落產生了磁吸效應，吸引了許多台灣家具廠落腳，形成三百多家業者聚集在一百平方公里之內，全球找不到第二個地方能聚集如此多家具廠商。群聚效應使得世界最大的油漆塗料廠——荷蘭阿克佐諾貝爾集團（Akzono-Bel）在東莞設廠，用輸送管線直接將塗料送到台升及其他工廠的車間。這一來又省下不少的材料採購成本。

併購美國環美公司，建立品牌和通路

台灣經營環境丕變迫使郭山輝遠走異鄉創業，一躍成為世界家具狀元，除上述以義氣及能力結合廠商合作外，他還早早就在美國市場建立品牌和通路。台灣家具公會總幹事張天明認為台升另一個非常重要的轉捩點就是併購美國大家具商環美Universal公司，自此建立身兼美國批發商和中國製造商的垂直整合業務模式，以後者之製造成本效益優勢支持美國的品牌產品業務，達成台升在美國市場的訂單和利潤都能穩定成長的目標。

與其他台商家具廠一樣，台升主要是以OEM代工外銷為主，但到東莞發展近十年後，郭山輝發現大陸的經營大環境發生了變化，重演著台灣當年的舊戲碼，他說：「在代工的後期，同業間降價搶客戶，市場陷入削價競爭的惡性循環之中。」

郭山輝決定自建通路以擺脫惡性削價競爭，在1999年起開始轉型並著手建立「Legacy classic」中價位品牌，在美國市場展開佈局。2001年併購環美公司成功，主攻美國中高價市場。2006年又再度收購美國著名的沙發公司「craftmaster」，一步一步地完善台升的品牌和通路。

郭山輝同時把低檔餐桌等訂單轉與其他台灣同業，他認為有同業的追趕，自己才能跑得更快。而且委託同業加工生產，可減少風險，提高利潤，使台升專心轉型升級。例如台升建置了高科技的木材測量

與裁切機器，以及丹麥先進的Moldow袋式集塵系統都是重要的技術升級基礎。前者可使家具的密合度更為完美；後者使車間粉塵排放量減少到2ppm／每立方公尺（國內一般家具工廠為30ppm／每立方公尺），而所蒐集的粉塵還可以作為燃料。這種節能環保的生產方式是大陸工廠的典範。郭山輝並引進國外最先進的自動倉儲系統（ASRS Warehouse system），建成亞洲最大的單一自動倉庫，在數分鐘內，可從任何一個倉位取出產品並送到卡車上，減少配貨過程發生差錯，解決了家具運到美國再組裝的問題。

打贏美國反傾銷官司，稅率降至零

隨著大陸經濟的快速發展，郭山輝所經營的台升十多年來呈現驚人發展，每一次外在大環境變化的壓力，都激發了台升轉型升級的爆發力。削價競爭難不倒郭山輝，反而激發他積極開創品牌、通路和技術，使台升躍升為世界級大廠。而接踵而來的傾銷案則是一場艱難的硬仗，他一樣結結實實的打贏了。

由於大陸外銷競爭力太強大，引來美國家具業者的反彈，於2003年控告大陸木製家具傾銷，郭山輝採取積極應戰策略，立刻聯絡兩岸三地家具業者在一週之內組成應對委員會，並擔任「中國家具業反傾銷應對委員會」執行副主席，集資聘請專業律師積極應戰，並發動美國進口商在美國進行合法「遊說」。最後在中國商務部的協助下，中國家具業者取得了7.24%的平均稅率。郭山輝也因此被評選為「2004廣東十大經濟風雲人物」。

郭山輝所主持的台升也被控傾銷，他不惜斥重資聘請美國前首席貿易談判代表白茜芙等著名律師在美國打反傾銷官司。律師界估計，打官司費用當在百萬美元以上，但官司打贏後美國訂單會增加，在業務和名譽方面都有大好收穫。這是大陸台資企業首度在美國打贏反傾銷案子，郭山輝又寫下新一頁歷史紀錄！

在案子發生之初，許多業者是抱持且戰且走的心態，若反傾銷敗訴則轉戰越南等地；但郭山輝自認根本沒有傾銷，決定與美國廠商打個水落石出！郭山輝說：「這是一個大危機，我們應付得好，反而成為最有競爭力的廠商！」

而台升被徵的稅率從初判的20%調降至15%，一直降至2.66%，最後降至零，歷經三年，終於在2006年11月從反傾銷名單除名，台升大獲全勝，世界家具狀元地位兀立不動！

轉戰大陸內銷市場，拓展家具專業賣場

反傾銷戰打得漂亮，但郭山輝卻早就看出台升勢必由外銷轉戰內銷市場，而中國大陸的龐大市場將是台升永保家具業狀元地位的強大後盾。在2004年之前，郭山輝即成立獨立於外銷體系的大陸國內內銷部門，結合歐美零售連鎖體系開始進行市場調查，準備在大陸各地開設家具專業賣場。

大陸由於經濟發展，人民對家具等的需求水準日益提高，中國政府乃開放外商投資零售業，再加上人民幣升值、外銷遭遇反傾銷，中國政

府調降出口退稅率以及環保要求日嚴等情勢，轉做大陸內銷市場是大勢所趨，台升的步伐比同業快，2007年初已在杭州設立試驗店，下一步是在一級戰區上海設立旗艦店。郭山輝指出，由於內銷市場的行銷涉及人文層面甚深，所以他會大量起用優秀的大陸幹部，擔任行銷的主要管理人員。對即將開打的內銷市場，郭山輝信心滿滿地表示：「做內銷需要數年的考驗，我們將會有大的收穫。」每一次的重大的經營環境變遷，郭山輝總是搶得機先，使台昇集團一次又一次的不斷轉型升級，壯大再壯大！

創新蛻變的升級狀元

在競爭多變的時代，「不創新就死亡」已成為企業經營的共識，因為過去「維持現狀就是落伍」的座右銘已被「保持現況就遭淘汰」所取代，也因此企業只有不斷的向前行才有生機，否則被時勢潮流所逼，最後還是要做改變、創新，但主客一旦易勢，便已失去先機，也因此現代的創新→蛻變→進級觀念，就是要先挑戰現狀與成就，不認為未來就是現在的延伸，進而採取行動改變產業的遊戲規則（或稱破壞性的創新），當新環境逐漸形成，就要快速另闢蹊徑，另找新路，最後才能打出一片天（見圖七十）成為升級狀元。

圖七十　創新升級的基本模式

陳明璋　整理

　　然而，創新也非無中生有，它是在既有的格局與體系中調整改變，推出新的作為，最後才蛻變成為全新的事物。這種創新蛻變，其實就是溫故而知新→推陳而出新→青出於藍而勝於藍，這三部曲與圖二十八的學（守道）→破（本）→（自）立（分離）的道理是一樣的。換言之，創新蛻變要花一番功夫，要成為升級狀元也要用心盡力。

　　其實，一般企業很少是主動積極的，而是人在「企業江湖中，身不由己」，只好順應趨勢變革創新，圖七十一就說明企業在（1）風雨飄搖中成立，（2）在催逼壓迫下成長，（3）在被挑剔不滿退貨中成年，（4）在改良改善中成事，（5）在消除缺失瑕疵中創成績，（6）在飽經風險顛沛流離中成熟，（7）在戰戰兢兢如履薄冰中成功，（8）最後在自大自滿做老大中成仁。因此可知，環境催逼企業創新蛻變，其中最積極，化被動為主動者，就能蛻變為升級狀元。

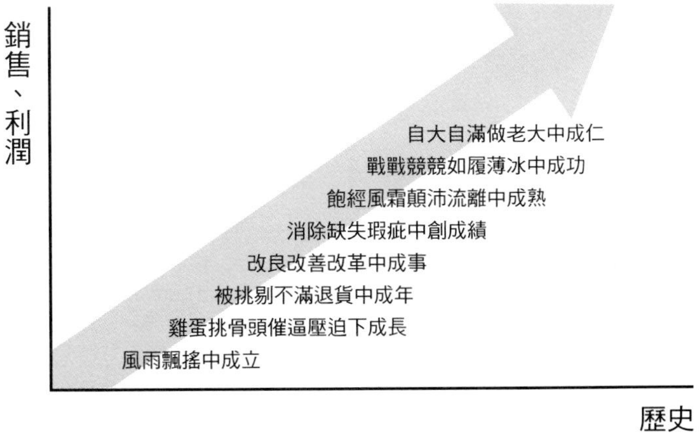

圖七十一　創業創新成長的階段性管理

155

　　當然，萬事之成在於永恆的力行功夫，創新蛻變要升級也是靠持續的努力，能持續才能奠立核心能耐基礎。由圖七十二可看出：企業要升級為狀元，要在八方面做持續的創新，包括：（1）價格低、（2）品質佳、（3）拓市場、（4）有競爭力、（5）新投資、（6）規模經濟、（7）新製程、（8）具生產力。有了這八方面的不斷創新，才有可能升級。

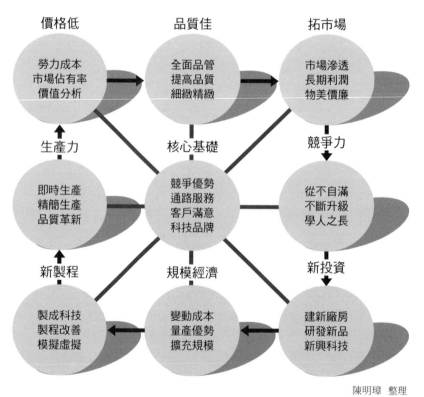

陳明璋　整理

圖七十二　企業成為狀元需持續的創新

　　再由產品六要素來分析（見圖七十三），可知：（1）科技是產品升級的推進器，（2）文化是產品增值的魔術師，（3）設計是產品感人的化妝師，（4）品牌是產品行銷的通行證，（5）創新是產品生命的維生素，（6）品質是產品暢銷的保證書。這六要素說明它與產品的密切關係，也是企業升級不可忽略的關鍵，而其中強調創新是產品生命的維生素，更是企業成長的動力。

陳明璋 整理

圖七十三　產品六要素精論

　　換個角度，由圖六十五可知：歐德服飾雖然以賣知識成為行業狀元，但從代工、成本、設計、行銷、品牌及策略來看，它幾乎都在做持續的創新，幾乎從創業到海外投資，無時無刻都不停的投資與努力，而前述的產品六要素，它也幾乎都涵蓋了。因此，說它是創新→蛻變→升級狀元的代表，也極為允當。

　　再以創業五十二年的傳統企業裕隆汽車為例，2005年裕隆首度奪得卓越創新成就獎，原因在於裕隆用「非原創的在地原創」，以本地的優勢資源，拋棄日產的舊包袱，將製造業轉型為製造服務業，並整合八大平台，提供多品牌服務。這八大平台包括資訊、水平、人力資源、通路、技術、製造、服務、物流等，以更多的服務來降低成本，進而形成

新的競爭優勢，讓市場更大、產品更暢銷，接著產品又要求更多的服務，最後形成良性循環（見圖七十四）。

　　裕隆的例子再度印證創新的途徑極多，只要有心創新，經由守→破→離三部曲的努力，再經持久的作為，就有機會升級為行業狀元。

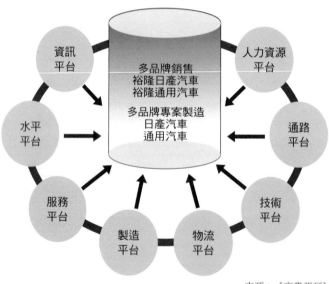

拋開日產包袱轉型製造服務業
整合八大平台，提供多品牌服務

來源：《商業週刊》

圖七十四　裕隆創造服務價值鏈的策略

不斷點燃創新蛻變火苗的皮件大王──江枝田

企業小檔案

公司名稱	中山皇冠皮件有限公司
成立時間	1992年
資本額	2億人民幣
員工數	3,000人
2007年預估營收	8,000萬美元
2007年預估獲利	毛利率約為25%
主要產品	旅行箱包，手袋
市佔率	約佔日本硬箱市場的30%

個人小檔案

出生年月日：1937年

學歷：日據時代小學

現任：皇冠集團副總裁

經歷：成都台商會前會長

給後進的一句話：做事做人要實在、
　　　　　　　　凡事以勤勞為本

皇冠集團，是中國大陸最大、也是全球排名前五大的皮件工廠，這家來自台灣的企業，近年來已成為大陸知名品牌，連中國官方的新華書店也販賣皇冠的各種行李箱。今天大家都在讚歎皇冠的豐碩成就，卻難以想像皇冠在創業期所遭遇的困頓和難堪局面！

江枝田，這位來自台中霧峰鄉下的樸實企業家，清貧出身，沒有機會讀書，九歲就幫舅舅放牛，憑著苦幹實幹，得以白手創業，並不斷的學習、創新、蛻變，締造出在世界皮件舞台上閃閃發光的企業王國！

江枝田十三歲開始當皮箱學徒，出師後向親友借得新台幣八百元，購置他生平第一架中古縫紉機和材料，成立「明田皮件廠」，獨力生產出第一只皮箱，但卻找不到買主。他扛著皮箱坐火車到高雄推銷，終於有一位之前並不認識的周姓台中同鄉買下這只皮箱，還讓他住下來在高雄做生意，算是平穩地踏出創業第一步。

江枝田後來請哥哥江枝昌合夥經營皮件廠，在兩兄弟的努力下，業務日有發展。

1970年他到日本參觀博覽會後，決定進入外銷市場，那時正值外銷榮景，所以公司產品供不應求。這是江枝田的成長期，兄弟倆擴大工廠規模、購置新的機器設備，同時還引進新的管理和會計制度。

隨著台灣經營環境的變遷（新台幣升值、工資高漲……），江枝田決定把工廠移到中國大陸，這位讀書不多但眼光卻比一般人遠大的企業家，在正式設廠之前便準備把自創品牌「皇冠牌」先申請商標財產權，

他在1985年親自到大陸要把皇冠牌註冊下來,卻發現這個名稱已被浙江省一個小縣先行註冊,後來在北京工商局的協助下,終於以兩萬美元買下來。

1992年,皇冠正式到中山市三鄉鎮設立工廠,當時大陸皮箱非常少,因此每天一大早就有十到二十輛貨車來工廠門口排隊買貨。2000年江枝田又在大陸成立羅傑科技,實現他早年立下的開發環保塑膠的目標。

江枝田直到2002年才卸下總經理職位,轉任集團副總裁,工廠交給第二代接班,自己則專心在大陸發展房地產事業,他非常看好大陸房地產市場,認為至少有十五年快速成長期,他認為品牌與房地產結合是最好的發展方法。他所經營的皇冠建設在重慶、成都、中山、山東等地都有亮眼的表現。

不認得字的狀元,用色筆管理訂單

他回顧年輕時創業的歲月,對記者所提問的問題:曾遭遇什麼困難以及如何克服?他一口氣就說出三件他深印腦海的往事,第一件事是他在創業時並不識字,根本無法辨認客戶的名字,「我只好隨身帶一盒彩色筆,在客戶訂單上塗不同顏色來辨認」。

第二件事是有次工廠大火,把部分設備燒掉了,幸而所有供應商和設備商都願全力支援,「我們在工廠的廣場上搭建臨時生產線,終於如期交貨給客戶。」

第三次，大約是三十三年前的事，江枝田因為資金周轉出了問題，想盡了辦法，還是差約三十二萬元，眼看期限已到，公司會因為缺這筆錢而被拖垮，兄弟兩人都快崩潰了，「我們兩人在辦公室中抱頭痛哭，真是不知怎麼辦才好！」最後幸而得到台南一位朋友幫助，總算渡過難關。江枝田特別指出，數年後這位朋友也遇到困難，他也馬上幫忙，回報對方當年的恩情。

江枝田說，這三件事「都慢慢的磨練了我的意志力，振奮了克服困難的堅韌精神。」對外界公認他是皮件界的狀元，他謙虛地表示：「皇冠不敢自稱為狀元，品質最好的公司才是狀元，但品質的好壞並不是自己說了算，應該客戶認可的才是好的品質。」他解釋說：「在工廠來說，一千個產品中有一個不良品僅僅代表了千分之一的不良率；但如果就在此千分之一不良率的情況下，把產品送上市場，這一個不良品可能會受到一千位消費者的檢驗，一個不良對企業的形象會是一重大打擊，因此必須做到100％的合格率，否則就是不合格。」

江枝田對自家產品很有信心，他生動的比喻說：「總鋪師（廚師）敢落菜，不驚無人吃。」做皮件就跟做菜一樣，要敢放料、敢投資，這也是皇冠不斷進步，成功打下日本與大陸品牌市場的原因。

總鋪師敢落菜，不驚無人吃

江枝田的總鋪師哲學三十多年來一直發揮得淋漓盡致，如皇冠率先使用聚碳酸酯（PC），取代原本的ABS（丙烯、丁二烯、苯乙烯單體共

聚合物），雖然開發時間長達三年、成本貴了55％，卻能把行李箱重量減輕三成。

皇冠還使用品質、規格特殊的拜耳或美國GE生產的PC，成本比奇美實業、台化貴上3到5％。此外，還花了將近兩億元買塑膠成型設備，這種機器原本是用來生產比行李箱更高等級的汽車防撞桿。

「敢落菜」的做法使皇冠的產品平均價格不斷提升，從本來每個四千元的市場售價，現在可以賣到萬元以上。皇冠現在是日本最大的行李箱業者，佔有日本三到四成的市場，並成為中國第一大品牌。

研發方面他們也毫不含糊，現任皇冠皮件總經理江錫鋘舉例，一個月趕時髦，皇冠光是設計打樣的行李箱型式就高達三百個，最後獲得選用的只有5％，光是開發卻不用的模具，一年就高達一千個以上，一付模具少則幾十萬元，多則百萬元，他們絕不吝惜。

環保型塑膠原料是世界大勢所趨，Nike、Adidas等品牌大廠都宣佈要開發無毒環保型塑膠原料，取代聚氯乙烯（PVC）。江枝田在2000年成立羅傑塑膠科技公司，投下至少四億多元，在第四年才開發成功TPE（熱可塑彈性體的材質），是全球四家、中國大陸唯一一家獲得Nike、Adidas兩大品牌認證許可的無毒塑膠材料供應者。

在品質的研發和支撐下，皇冠進一步在中國經營內銷市場。1999年，皇冠在北京設立分公司，打造全國性的品牌，目前，皇冠在全中國二百零三個城市設有據點，有六百家百貨公司銷售其行李箱產品，是中國銷售點最廣的品牌。

對企業應如何保持狀元寶座的問題，江枝田以自己的經驗指出，有計畫的多角化經營（如他成立羅傑科技以及皇冠建設）、不斷晉用及培育人才，以及隨時勢及早應變是很重要的。他指出，皇冠早在1999年即自創品牌，進軍大陸市場，就是看到人民幣升值，工資高漲，以及中國政府「十一五」政策轉向，以往的「大陸生產，海外銷售」已經行不通了，而大陸人民購買力勃興，正是轉營內銷的好時機。

對立志成為行業狀元的年輕人，他的建議是：「一定要把品質做到最好！」而如何做到最好？他指出三點：一、好的管理才有好的品質。二、敢落料出好菜，要捨得買最新的機器設備，開發最新的材料與技術，不斷的投入產品的研發與設計。三、最重要的是管理幹部的現任心和向心力。

他並特別強調：一家公司管理得好不好，可從廁所掃得乾淨與否以及垃圾桶中有沒有不該拋棄的東西看出來。他最後說：「以上是我累積了五十多年的管理模式與經營企業的心得，也許與現在複雜的管理方式比較起來相對簡單，但卻是皇冠企業能堅持走到現在的祕訣。」

轉型創新的勇闖藍海狀元

成為行業狀元，人人稱羨，但畢竟路途坎坷，少人能及；其中險阻甚多，幾經轉折方能超凡入聖，其得之不易，正如人之爬山，攻上頂峰雖是美妙，吹吹山風，何等輕鬆，但畢竟要付出時間與代價，而中間的爬坡和高低起伏，更非一路順風；也因現實的困難，爬山就會有中間站

，有時且因氣候變化，風雨交加，而被迫停頓休息，甚至挫敗下山，伺機重返，尤其是爬越高的山，中間的過程轉折更多。也因此，本節特別探討行業狀元突破困難的轉型作為，也因有幾階段的轉型，累積不少的創新努力，最後才有可能成功升級。

正如爬大山與爬小山有所不同的，行業狀元也有等級之分，行業狀元的企業人生經過不同的發展階段，也因時代的進步，「登山」的難度不斷提高，挑戰不斷，所謂「江山代有才人出，一代新人換舊人」。企業江湖的擂台賽是比不完的，不同的時空總有新的累積與突破，因此，天下定於一尊是暫時的，也因競爭壓力，稱霸狀元的生命週期一直在縮短，行業狀元若不想當短暫的一代拳王，只好不斷的努力、努力再努力。換言之，行業狀元有別人所無的韌性和毅力，正如筆者形容烽火大亨王任生時所說的：「人無艱苦過，難賺世間財。」也因多段的「磨難」，台商行業狀元才有轉型→創新→突破→升級的精采人生。

眾所周知，台商在短短的幾十年，甚至更短的時間，成就非凡的事功，登上行業狀元，絕無僥倖、浪得虛名之情事，他們必然比別人下了更多的苦功，其中的轉折困頓也非筆墨所能形容，所謂「山不轉，路轉；路不轉，人轉」；「路是人走出來的」，唯有具備不斷的「想、衝、闖、捨、給、得」的六敢精神，才有美好的未來路（見圖七十五）。

轉型創新的基本理念

所謂「不創新，就死亡」、「不轉型，沒活路」，轉型與創新有著

前後的連動關係，轉型的結果必然帶來創新與突破，進而達到升級的目標，而創新的要求又帶來轉型的壓力與動力，此二者一前一後相互呼應，而求雙循環的狀況，問題是轉型要轉出個結果來，也就是它要與過去有不同的營運模式（business model），這種與過去截然不同的型（或營運模式）就是創新。當然，創新不是無中生有，而是「青出於藍而勝於藍，冰出於水而寒於水」的蛻變，正如美麗的蝴蝶是經過平實不美的毛毛蟲，經過中間結成繭的過渡期，最後才蛻變成亮麗的蝴蝶，轉型必然有個過渡轉折點。換言之，轉型是個中間站，正如圖七十六所示，企業從自己擅長的領域或核心專長移動（轉）到未來市場與顧客所要的狀況，從中間到目標，正是企業要努力的重點所在。

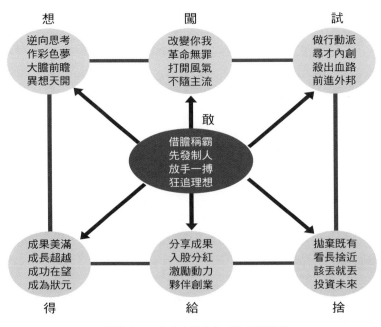

圖七十五　台商六敢作為成為行業狀元

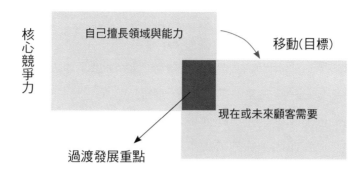

核心競爭力

自己擅長領域與能力

移動(目標)

現在或未來顧客需要

過渡發展重點

圖七十六　從紅海轉向藍海的轉型策略

　　轉型要有成果，自然需要規劃與管理。假如現況是企業所不喜歡的，有如陷入泥淖中，則要站在此時此地務實地面對現實，分析情勢、瞭解問題與困難之所在，進而要求檢討現況，改進缺失，當然這種務實做法是針對未來美好願景來規劃，希望彼時彼地的未來網絡（There, net & future）能有所突破，進而升級，達到十倍數的成長。然而，願景美夢畢竟不是唾手可得，而要有中介的過程規劃（midrange & process），此間的關係說明請見圖七十七。

願景／美夢

There, Net & Future

升級、十倍數成長

轉型／管理

Midrange & Process

過渡轉折點

分析／瞭解

Here, Now & Person

現況檢討改進

圖七十七　轉型藍海願景的規劃與努力

　　轉型成功能使企業突破升級，是企業美夢願景的實現，從現況到美夢實現，中間的轉折需經幾個階段的努力，即：（1）經由訓練改變人們的心態，（2）經由教育與學習，改變人們的想法、能力與意願，（3）經由自覺和自決，改變人們的信念和價值觀，（4）經由觀念共識與行動共鳴，改變企業文化與經營理念。經由這四步驟的努力，才有可能實現美夢，而從圖七十八的前後步驟努力和呼應，可見要轉型成功的確不易，因為改變企業人的心態、想法、意願、信念和價值觀、企業文化與經營理念，都不是容易之事，企業行業狀元要經過這幾回合的努力，難度之高可以想見。

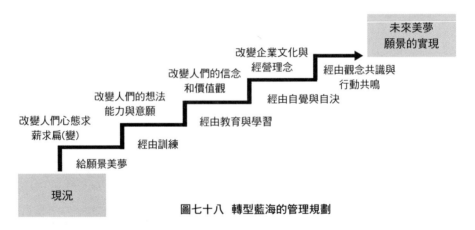

圖七十八　轉型藍海的管理規劃

　　筆者認為行業狀元大都經過多次的轉折努力，才登大位，主要係區域經濟興起之後，國際化與網路數位化的加速進行，企業的競爭已無止境，市場需求與競爭日益激烈，行業界限模糊，新挑戰者常來自不同的行業，消費者得溫飽後挑剔日多，加上遊戲規則的改變來自多元，

產業呈現動態變化與動盪不安，因此企業要經常因應大環境的要求，圖七十九說明企業要多次轉型，成功者才能成為行業狀元，否則就被併消失，而企業在產品、市場、技術、組織及業態上轉型是經常要做之事，但即使做了動態的調整，也常因不可控制的形勢改變，還要做機動而靈活的調節，因此再度啟動轉型，此時的轉型已有規模，因此可用的工具較多，計有購併、上市、策略聯盟，上、中、下游垂直整合，以及自創品牌與佈建通路等，圖七十九顯示轉型的多元性與動態性，當然其中的轉折有大有小，完全看行業狀元的決心與毅力，但經過幾次的調整之後，後面的幅度，顯然會傾向縮小，且由傳承者來執行，如創業狀元仍掌握大權，多少因有包袱而將幅度與速度減緩下來。然而，如由傳承接班人來做，因較無掛礙，可能有更大的魄力與銳氣，使企業有再生的轉變，有如SONY與日產的再生轉型一般。當然，企業如遇生死存亡之壓力，將被迫做基本的大幅調整，則轉型的做法自然不同。

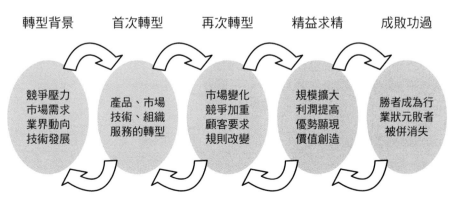

圖七十九　行業狀元的多次轉型演變

台商行業狀元的轉型創新模式

進入二十一世紀的現代，台商因應國際分工與優勢資源整合的趨勢，經營基地不再只局限在台灣。從1985年之前的廠店合一，經營模式以外銷為導向，採本土經營型態，走多角化發展策略，進而成為集團企業，並流行貼牌的代工模式；到了1990年代，台商開始轉向廠店分工模式，流行對外投資，南向與西向並行，並將貼牌改為設計代工模式；到了2000年，台商又轉為廠店的區域分工模式，以亞太市場為中心，在世界各地投資，除了原先的貼牌與設計代工之外，開始自創品牌，並由IC轉向3C經營；到了2001年之後，台商則採取亞太產業分工的型態佈局，並以全球運籌為中心，大單在大陸生產，小單與複雜者留在台灣製造，同時發展世界性品牌，並在世界各地上市（見圖八十）。全球產銷的營運模式顯然已成台商行業狀元必走的道路，要成行為狀元，多地與多元型態的經營是不得不走的模式。

儘管台商經營已採全球的產銷模式，然而綜合上述的行業狀元之成長歷程，可看出台商要成為行業狀元，難度與標準都與往昔不同，且大為提高，因此只有不斷的轉型創新才有可能。

圖八十一就說明台商行業狀元的轉型歷程與作為，台商在競爭的現實中，不得不有所轉型改進，有了轉型改進，才能進一步創新突破，在創新突破之後，終於修得正果，而成行業狀元。

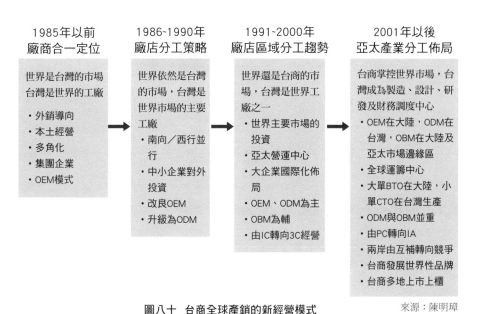

1985年以前 廠商合一定位	1986~1990年 廠店分工策略	1991~2000年 廠店區域分工趨勢	2001年以後 亞太產業分工佈局
世界是台灣的市場 台灣是世界的工廠 ・外銷導向 ・本土經營 ・多角化 ・集團企業 ・OEM模式	世界依然是台灣的市場，台灣是世界市場的主要工廠 ・南向／西行並行 ・中小企業對外投資 ・改良OEM ・升級為ODM	世界還是台商的市場，台灣是世界工廠之一 ・世界主要市場的投資 ・亞太營運中心 ・大企業國際化佈局 ・OEM、ODM為主 ・OBM為輔 ・由IC轉向3C經營	台商掌控世界市場，台灣成為製造、設計、研發及財務調度中心 ・OEM在大陸，ODM在台灣，OBM在大陸及亞太市場邊緣區 ・全球運籌中心 ・大單BTO在大陸，小單CTO在台灣生產 ・ODM與OBM並重 ・由PC轉向IA ・兩岸由互補轉向競爭 ・台商發展世界性品牌 ・台商多地上市上櫃

圖八十　台商全球產銷的新經營模式

來源：陳明璋

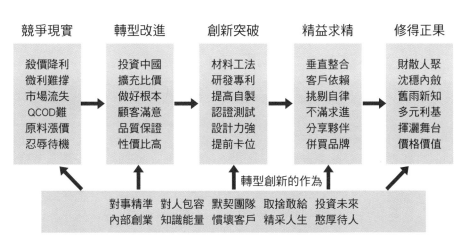

競爭現實	轉型改進	創新突破	精益求精	修得正果
殺價降利 微利難撐 市場流失 QCOD難 原料漲價 忍辱待機	投資中國 擴充比價 做好根本 顧客滿意 品質保證 性價比高	材料工法 研發專利 提高自製 認證測試 設計力強 提前卡位	垂直整合 客戶依賴 挑剔自律 不滿求進 分享夥伴 併買品牌	財散人聚 沈穩內斂 舊雨新知 多元利基 揮灑舞台 價格價值

轉型創新的作為

對事精準　對人包容　默契團隊　取捨敢給　投資未來
內部創業　知識能量　慣壞客戶　精采人生　憨厚待人

圖八十一　行業狀元的轉型歷程與作為

從台灣聖誕燈王到大陸河南百貨王——王任生

企業小檔案

公司名稱	鄭州丹尼斯百貨有限公司
成立時間	1997年
資本額	4億2千萬人民幣
員工數	3萬多人
2007年預估營收	40億6千萬人民幣
主要營業範圍	商業零售

個人小檔案

出生年月日：1951年6月27日

學歷：大學畢

現任：東裕電器股份有限公司董事長、河南外商投資企業協會副會長、鄭州台商投資企業協會會長、鄭州丹尼斯百貨有限公司董事長

獎項：1980年和1986年二度當選台灣優良商人、東裕公司獲頒1989年泰國外銷特別獎、河南東裕電器獲頒1995年全國高新技術百強企業評選第53名

給後進的一句話：路是人走出來的

「我為了脫貧而創業！……我來台灣時因饑餓，把父母給的一床棉被換了一串香蕉……」七十多歲的王任生受邀演講時，告訴台灣台北大學的年輕學生，他三十六歲時毅然離開謹守十八年的小學老師崗位，立志創業，如今，他早已脫離貧困，成為事業發達、人脈通暢，媒體追逐報導的重要企業界「河南王」！

目前身兼兩大事業東裕電器和丹尼斯百貨董事長的王任生就是不斷的轉型再轉型，永遠在追求創新，進而扭轉命運，成為享譽國際的大企業家！

從小學老師蛻變成聖誕燈串大王

十四歲時因國共內戰，王任生被迫獨自一人離開家鄉河南，歷經每一分鐘都隨時可能死去的流亡生涯，回顧那一段躲子彈及因饑餓而搶食、偷挖農作物的悲慘日子，他沈痛地告訴從沒餓過一頓的台灣年輕學生：「死與活是一剎那的事，在死亡的威脅下，求生存顯得比道德更超越！」

他終於來到台灣，考進台東師範學校，畢業後成為小學教師，娶妻生子，過著尚稱溫飽的安定生活。然而，王任生卻不甘安於現狀，選擇闖進他完全陌生的商業世界！他一再地說：「以前的小學老師、校長生活清苦，大都是過著吃不飽的日子，我要脫離這種環境。」

王任生教學認真得到家長們的讚賞，其中一位家長蔡實鼎是太山電器公司（當年是一家知名的聖誕燈泡製造廠）總經理，知道王任生想轉行，就聘請他任職員。

　　王任生非常珍惜這個轉行機會,整整一年都是太陽出來之前就出門、太陽下山之後才回家,他說:「我第一年沒見過太陽!」這份工作的月薪約三千元新台幣,與做老師的收入相比是偏低的,但王任生的目的是轉行,所以毫無怨言。

　　王任生以兩年的時間弄懂了聖誕燈串的生產和銷售,兩年後蔡實鼎移民美國,在公司結束前鼓勵王任生自行創業。王任生拿著十四萬資遣費在新竹租廠房獨當一面做老闆,成立東裕電器,但一開張就碰上能源危機,公司險些倒閉。

　　美國在1973年因中東戰爭發生能源危機而禁用聖誕燈串,這使得整個聖誕燈串業頓時陷入停擺狀況,東裕電器也不例外,王任生只好兼做分銷煤氣生意來渡難關。

　　一年半之後美國政府解除禁令,大量訂單如雪片般湧到台灣,業者見機不可失,因此紛紛漲價。王任生卻信守承諾,堅持原先所報出的較低價格,他說:「這個相等於兩年前的舊價其實已有不錯的利潤,我是在如果漲價可多賺約一百萬美元和信守承諾之間掙扎了許久,最後才決定不漲價。」

　　這個決定卻為王任生帶來意想不到的效果,他所經營的東裕公司竟快速超越其他老牌大廠,在二年後成為業界第一名,自此被業界稱為「聖誕燈王」。

　　王任生說:「上天是公平的,於別人有好處的決定,可能是一剎

那之間做出的，但別人卻會永遠記住。」他表示，他做生意一向是先考慮客戶的需要，如客人要退貨，只要傳真來就馬上退貨，先解決有問題的、不對的地方，然後再談新年度的訂單。

工廠從台灣移往河南，成為大陸第一大廠

王任生後來又轉型到大陸經營百貨業，十年之間成為河南百貨業的龍頭大哥。但今天聖誕燈串仍是東裕集團的重要事業部門，目前大陸燈串工廠已遷往深圳，年營業額為一億五千萬美元，為大陸第一大聖誕燈串廠。

十年前，在聖誕燈串利潤日益微薄，新台幣卻一再升值的變局下，王任生首先把工廠遷到泰國，後來遷到大陸河南省洛陽市，同時在河南各都市發展百貨業、量販店和便利店。

這都是基於聖誕燈串業已成為紅海，必須另尋藍海的強大壓力，而挑選偏遠的河南設廠及轉型經營百貨等內銷事業，前者是夾雜著對故鄉的濃厚感情，後者則是他早已嗅出大陸內銷市場潛力極大以及人民幣勢必升值的先機。目前王任生的聖誕燈串工廠和百貨業等一共創造了約三萬多個就業機會，同時更訓練出本土經營管理人才。

再度轉型，成為河南百貨業第一品牌

十年前台商都是挑大陸東南沿海各城市，以求出口方便，偏遠的河南會發生運輸上的困難，這些王任生都計算過，但他自信能夠克服，其

後轉型經營百貨業等則是王任生對大陸經濟潛力深入瞭解後的決定，他說：「現在大陸是內銷遠超過外銷。」

1995年王任生決定在河南鄭州籌備丹尼斯百貨，當時全中國百貨業一片蕭條，鄭州有名的亞細亞百貨也岌岌可危，連鄭州市長也勸他三思，但王任生卻說：「河南有錢人去上海、北京甚至出國買百貨，我就是要做到他們都來丹尼斯購買。」

果然，在王任生的銳意經營下，丹尼斯集團成為集百貨業、大賣場、便利業與物流配送等多業態一體的零售企業集團，2006年營業額已超過二十七億人民幣，持續穩坐行業冠軍寶座，預計2008年可望達到七十五億。

事業發展得如此之大，王任生卻一直是無負債經營，最近在大陸銀行的一再邀請下，才貸了五千萬人民幣。

多年來一直在做聖誕燈串的王任生並沒有零售業的經驗，他是如何轉型成功的？ 王任生透露：「我的聖誕燈買主都是國際上一流的百貨業者，我與他們來往多年，也多次到他們的百貨公司參觀，我學到了他們的優點。」王任生最成功的地方是同時緊緊抓住消費者和員工的心；他處處為消費者著想，讓消費者買到便宜又好的物品，如其工肉類加工場、豆製品工場及饅頭麵包工場等設有消費者參觀台和試吃室，讓消費者對丹尼斯百貨的物品深具信心。

他也盡量讓員工生活安定，吃得飽、住得好，連對最基層的工人他

也設想周到，冬天為工人買棉衣、每日加肉食、過年加發薪水。王任生得意地說：「除了犯錯之外，沒有一個員工會離開丹尼斯。」

為使來自河南各農村的年輕人安心工作，他還興建宿舍給員工居住，而一些店長級的人員，在公司的協助下，大約五至六年就可買到自有住宅，更加盡心盡力為公司打拚。

買土地自建賣場，立下不敗基礎

王任生到河南發展十年後，河南已成為國際零售業爭奪的焦點，對此他的看法如何？王任生說：「從踏回河南的第一天，我就做好長遠打算。」他指出，零售業最大的成本就是租金，所以決定買土地自建賣場，初期的確是很辛苦，但在今天卻是穩贏的本錢，現在河南土地升值、租金高漲，對其他百貨同業來說，租金成為沈重的成本負擔，而丹尼斯卻早已回本，所以是零租金。

而河南對國際零售業來說，其實只是眾多據點中的一個點，並非主力市場，所以經營的決心不似王任生堅強；但河南卻是王任生最重要的市場，他本土化的決心讓河南老鄉認為丹尼斯百貨就是「咱河南人的百貨公司。」別的百貨公司主管，不是外國人就是香港人、台灣人，他卻大量起用三十歲以下的河南年輕人當店長。上述種種策略正是他一路成功的重要因素。

面對外來的競爭者，他自信十足地說：「我們要趕上國際百貨業的

優點，再加上自己本身的優點，這樣我們就贏了！」王任生雖已七十多歲，但鬥志昂然，丹尼斯集團正密切進行多個擴充計畫，丹尼斯在河南將有更大的發展！

　　這位少年時離鄉來台奮鬥成為「台灣聖誕燈王」，中年後返鄉發展得到更大成就，被稱為「大陸河南王」的企業家，在結束訪問時對年輕人的建議是：「人生的路是不平坦的，路要自己修，我們要一步一腳印地一次又一次地修平它！」

圍棋佈局的氣長狀元

　　想成為行業冠軍要走一段很長的路，是急不來的，不但要有謀略，也要有實現佈局的執行力。因此，圍棋十訣中的「入界宜緩」就成為氣長狀元的經營指針，不搶先冒進市場，而以修生養息，培育人才為先，建好技術產銷骨幹班底，取得領先的技術，待「天時、地利、人和相配合」的商機來臨，此時就可挑市場、選客戶，不但排除風險危機，且因緊跟客戶擴廠，使得訂單穩定，就可神閒氣定地追求成長，大肆擴充營業規模，且可進一步做長線佈局，迎接下一個新世代。先培養棋子客戶，再用圍棋思維佈局，不但可圈綁一群客戶，且可選獲利較高的產品與客戶市場，讓企業的營運穩健地成長，這樣的經營模式就是圍棋佈局。當然這些企業都是追求氣長，而非逞一時之快的氣勢思維，也因求長銷而非只是短暫的暢銷，所以最後終能登上該領域霸主寶座，成為氣長狀元。

　　圍棋佈局有如日本戰國時代三雄競逐的結局一般，織田信長驍勇善戰，馬上呈現氣勢奪人的戰功，但因用人不當，被部下刺死，豐臣秀吉雖智慧謀略過人，但因好大喜功，以戰養戰，終於耗盡資源，加上接班人幼小，最後天下就由擅長「等待」哲學的德川家康所得，德川家康的圍棋佈局，長於永續經營之道，他在有生之年就培養了接班人，因此奠定德川王朝的長青基業。

　　企業採用圍棋佈局而成氣長狀元的實例甚多，如光洋應材以高規格氣長佈局得到成功，它以「六重」策略成為行業狀元：（1）重研發，不惜血本花六千萬設立媲美國際大廠的研發中心；（2）重定位，一開始雖做不起眼的回收廢棄物原料，但卻有遠大願景，立志要做大事，成為大公司，因此不斷升級是其不忘追求的目標；（3）重制度，講求經營的透明化，不但建立廢銀純度分類，且重視管銷制度建立與數據管理；（4）重轉型，加強研發創新上求突破，從品級上躍升，轉型到光碟片靶材，增加一流的高檔顧客；（5）重合作，加強與各研究單位的合作結盟，除與中科院合作做出黃金靶材外，又與中環、錸德等大廠合作技術開發；（6）重挑戰，從不滿足現況，積極向科技與未來挑戰，不但企圖心強，執行力也夠。光洋應材的「六重」策略前後呼應，且一氣呵成，這種有如圍棋思維的長期佈局，終使它成為氣長狀元（見圖八十二）。

　　欣興電子是企業敗部復活的鮮活實例，十二年前聯電接下這家虧損近一億五千萬的黨營企業，懂得運用圍棋圈住客戶與市場的曾子章，花了十二年的功夫，終將欣興變成台灣印刷電路板的龍頭。

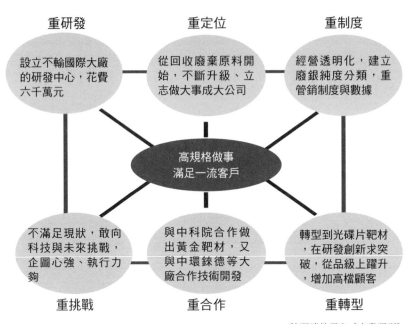

重研發　　　　　　　重定位　　　　　　　重制度

設立不輸國際大廠的研發中心，花費六千萬元

從回收廢棄原料開始，不斷升級、立志做大事成大公司

經營透明化，建立廢銀純度分類，重管銷制度與數據

高規格做事
滿足一流客戶

不滿足現狀，敢向科技與未來挑戰，企圖心強、執行力夠

與中科院合作做出黃金靶材，又與中環鋱德等大廠合作技術開發

轉型到光碟片靶材，在研發創新求突破，從品級上躍升，增加高檔顧客

重挑戰　　　　　　　重合作　　　　　　　重轉型

陳明璋整理自《商業週刊》

圖八十二　光洋應材高規格做事態度點石成金

　　其實，曾子章所用的圍棋佈局就是組合優勢資源做根基，尋找穩健成長的機會，謀定而後動的長期經營就是其策略。圖八十三分析了他的成功之道，他（1）先求站穩，不急於搶攻市場，止血不賠、清除呆帳、提升效率；（2）加強練兵，從製程觀念的改善做起，從體質的改善中練兵，培育各種專業人才、累積優勢；（3）建立制度，揚棄家族式經營，不用四等親內親人，並引進聯電的管理制度，建立自我改善的機制；（4）積極培養團隊，重建有效率與信心的共識團隊，並培養技術專精人才，以為未來擴展之用；（5）加強優勢互補，多方運用母公

司的力量，與IC設計公司合作，掌握獨特的技術，進而跨足各種印刷電
路板產品；（6）做好風險管理，不做風險高於六成的生意，不唐突冒
進，先觀察市場動向再投入，重視客戶分散，不集中單一客戶，以降低
市場變化帶來的風險；（7）累積擴散成果，由儲備的種子人才配合客
戶需求做擴廠，且在訂單保證下追求成長，挑選有利潤的客戶與產品；
（8）不斷追求卓越，以實力為基礎就不怕客戶變心，而靠長久的創新

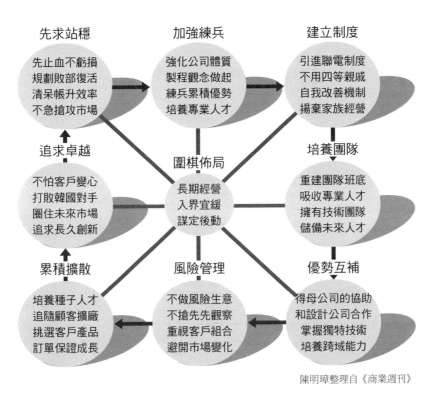

先求站穩
先止血不虧損
規劃敗部復活
清呆帳升效率
不急搶攻市場

加強練兵
強化公司體質
製程觀念做起
練兵累積優勢
培養專業人才

建立制度
引進聯電制度
不用四等親戚
自我改善機制
揚棄家族經營

追求卓越
不怕客戶變心
打敗韓國對手
圈住未來市場
追求長久創新

圍棋佈局
長期經營
入界宜緩
謀定後動

培養團隊
重建團隊班底
吸收專業人才
擁有技術團隊
儲備未來人才

累積擴散
培養種子人才
追隨顧客擴廠
挑選客戶產品
訂單保證成長

風險管理
不做風險生意
不搶先先觀察
重視客戶組合
避開市場變化

優勢互補
得母公司的協助
和設計公司合作
掌握獨特技術
培養跨域能力

陳明璋整理自《商業週刊》

圖八十三　欣興電子用圍棋思圍佈局成氣長狀元

能耐，打敗韓國對手，並進而圈住新的環保印刷電路板所用的綠漆材料與新記憶體規格。曾子章上述八大的策略佈局，可謂循序漸進，按部就班來推動，這種眼光遠大的長期做法，使欣興電子最後成為氣長冠軍。

有中國「小器之王」之稱的聖雅倫公司，亦是氣長佈局狀元。目前它是生產指甲鉗的世界冠軍，其成長歷程首先是做OEM貼牌，以此不斷擴大規模、降低成本，且趁機提升產品等級，運用中國公家單位的檢驗保證，確保高檔產品專業地位，再運用「鄉村包圍城市」策略，打敗韓國勁敵。其次是自創品牌，除了要自主經營之外，亦以此來擴大影響力，創造企業的生命力，這是靠貼牌、自牌兩條腿走路的成長策略。緊接著配合中國政府的公權力，委託其建立行業標準規格，以此重定遊戲原則，趁機汰劣留強，避免惡性競爭的價格戰，最後它學習與狼共舞的做法，引進新技術、新設備，並學習成狼應有的機靈，並廣招各方英才，建立狼群團隊（見圖八十四）。

換言之，它是採取先貼牌抬轎（OEM），再自創品牌坐轎（OBM）的策略，不斷嫁植競爭者的優勢，並運用政府的公權力，重定行業秩序標準。從做貼牌開始，讓國內外客戶從欣賞、依戀到忘我三階段，終於累積足夠的技術實力，進而學習成狼建立品牌，這種策略佈局的確有如圍棋的長期思維。

圖八十五指出，聖雅倫進一步建立軟性封殺顧客的做法。首先，它在中國建防火牆，以競爭優勢逼退競爭者，進而延聘對手的廠長為技術顧問，且加強自己的研發團隊陣容。其次，它舞無形劍，除了用政府給

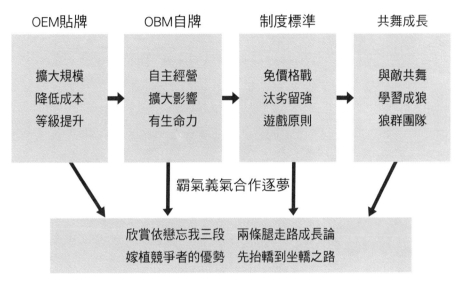

OEM貼牌	OBM自牌	制度標準	共舞成長
擴大規模 降低成本 等級提升	自主經營 擴大影響 有生命力	免價格戰 汰劣留強 遊戲原則	與敵共舞 學習成狼 狼群團隊

霸氣義氣合作逐夢

欣賞依戀忘我三段　兩條腿走路成長論
嫁植競爭者的優勢　先抬轎到坐轎之路

陳明璋 整理

圖八十四　行業狀元的成長模式——聖雅倫公司

它的機會，建立行業標準封殺對手外，且加強專利保護，構築進入障礙，進一步控制市場。再者，又打迷蹤拳，大力開拓海外市場，既做貼牌代工，又建自牌形象，不斷擴大實力規模。此外，穿鐵布衫保身防敵，以生產高質低價產品，來重建產業秩序，樹立新的競爭倫理，最後建立三個價值環稱雄，即鼓吹健康的價值觀，要給顧客好產品，強調物超所值鏈，以及性價性質比，因人常說：不怕貨比貨，只怕不識貨。

聖雅倫的貼牌、自牌的硬性競爭力，以及建防火牆到重價值環的軟性封殺力，確實要有長期的功夫，尤其是軟性封殺力做法，更是不容易，也因此奠立氣長狀元的基礎。

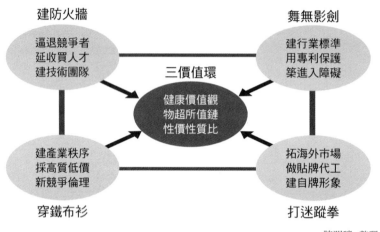

建防火牆　　　　　　　　　　　　　　舞無影劍

逼退競爭者　　　　　　　　　　　　建行業標準
延收買人才　　　　三價值環　　　　用專利保護
建技術團隊　　　　　　　　　　　　築進入障礙

健康價值觀
物超所值鏈
性價性質比

建產業秩序　　　　　　　　　　　　拓海外市場
採高質低價　　　　　　　　　　　　做貼牌代工
新競爭倫理　　　　　　　　　　　　建自牌形象

穿鐵布衫　　　　　　　　　　　　　　打迷蹤拳

陳明璋　整理

圖八十五　行業狀元的軟性封殺力

國際分工的嫁植狀元

近幾年，隨著台商展開對外投資的行動，結合各地優勢資源的策略也不斷被台商所運用。其實，這是大勢所趨，在人際與網際網路盛行的今天，企業國際化經營已是不得不走之路，而運用各地優勢資源，以及開拓當地市場已是台商的目的所在。這種運用國際分工的優勢組合已產生許多新的行業狀元，由於添加了各地的優勢，因此筆者稱他們為嫁植狀元。

當然，嫁植並非只是增加海外各地的優勢資源而已，台商以原先成功的台灣經驗為基礎，加上良好的管理制度與執行力，配合旺盛的企圖心與創業家精神，才能嫁植更多的附加價值；我們常說的台灣經驗、大

陸基礎與國際接軌，就是這種營運模式的組合。換言之，它就是根在台灣→枝延兩岸→花開亞太→果滿世界的經營新思維（見圖八十六）。

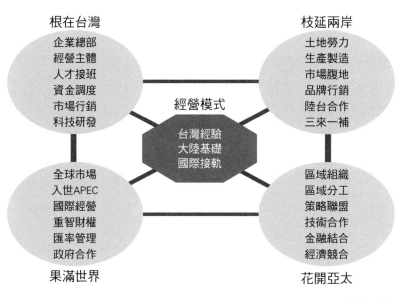

圖八十六　台商新思維的經營模式

根在台灣
企業總部
經營主體
人才接班
資金調度
市場行銷
科技研發

枝延兩岸
土地勞力
生產製造
市場腹地
品牌行銷
陸台合作
三來一補

經營模式
台灣經驗
大陸基礎
國際接軌

全球市場
入世APEC
國際經營
重智財權
匯率管理
政府合作

區域組織
區域分工
策略聯盟
技術合作
金融結合
經濟競合

果滿世界

花開亞太

陳明璋　整理

其實，強調「根在台灣」而說根留台灣，因為企業主體與營運總部本來就在台灣，它是市場接單、財務調度、科技研發及人才接班訓練等的中心；「枝延兩岸」是指利用中國的優勢資源在中國做生產製造，進而將它當市場腹地做品牌行銷；「花開亞太」則是利用亞太做區域分工，既做策略聯盟與技術合作，又利用區域組織從事金融結合與經濟競合的工作；「果滿世界」乃指要做全球化的國際經營，且由重智財權與匯

率的管理,以及與各地政府與區域組織(如APEC)的合作,開拓國際市場,此一模式現已有不少台商加以運用而成為新的營運模式。

以結合運用美國、台灣、中國三地優勢資源的億豐,和在海外運用國際分工,建立優勢的台灣魚販王百萬為例,億豐是整合企業價值鏈與各地優勢資源的嫁植狀元,它(1)有耐心又有恆心地創造價值鏈,(2)不厭其煩地從企業功能各環節降低成本,(3)運用管理做好長期佈局,(4)利用e化網路平台,連結兩岸與美國的優勢資源,(5)利用無品牌大廠的商機,迅速佔有利基市場,進入高價的百葉門窗,最後利用分段整合優勢,改變遊戲規則,創造一片天。這種發展歷程與圖八十六所分析的,根在台灣→枝延兩岸→花開亞太→果滿世界的過程完全一致。

如進一步分析,可知億豐是先做好資源整合,其次再做角色調整與落實管理,緊接著創造新的價值鏈,最後進入高價新市場而轉型成功。在其整合資源時,億豐在難賺機會財之後思考重新整合佈局,不但向下整合通路廠商,且排除貿易商,直接與通路商接觸合作。在調整角色方面,工廠調整營運,兼扮貿易商角色,其零組配件則儘可能內製而不外包,以加強價值鏈管理,且從採購到驗貨全無瑕疵,讓客戶完全信任。在創造價值鏈方面,由於逐步內製不外包,效率因此大增,成本也隨之降低,而從生產到品牌都自行管理,自能掌握價值鏈的核心。經幾年的努力,最後終於垂直整合成功而順利轉型,其中也因運用e化的電子商務,整合兩岸與美國三地的客製化模式,而得以進入高價值的百葉窗市場,億豐可謂價值鏈的整合成功,且配合兩岸與美國三地的優勢資源,

做好國際分工，而成為嫁植狀元（見圖八十七）。

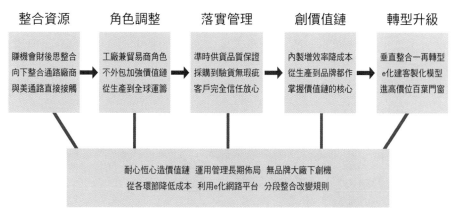

陳明璋整理自《商業週刊》

圖八十七　億豐整合價值鏈的成功之道

　　另一個是王百萬的漁產國際分工模式，他把台灣、香港及越南分區做資源分工。他曾花十年光陰研發出繁殖老虎石斑魚苗的技術，而今他在台灣繁殖魚苗，每天空運四萬尾到越南養殖，其成功率較印尼、馬來西亞高出五成。在越南方面，他找到全年可養殖成魚最好的環境——頭頓龍山灣，不但因水質良好省下費用，較在台灣養殖成本每尾少十四元、且省時，成長速度快四個月，減少三分之一的養殖時間，另在越南原料與機器設備全部免稅，且又有五免五減半的租稅優待。在香港方面則從事市場集散配銷，不但可全免關稅，增加1%的利潤，且可掌握東南亞六成左右的最大消費市場，此外，又因魚質佳，可多賺三成左右的價值。王百萬不但整合台灣的魚苗繁殖、越南的成魚養殖及香港的集散

配銷，他且號召十七位養殖戶共同合作到越南投資，同時做好資訊的知識管理，掌握當地的養殖環境，對三地之間的物流進出做最好的管理，以節省成本和時間。事實上，他不但做好區域的產業分工，同時也有創新的知識管理，因此一年五億元的營收自然使他成為跨國企業家的嫁植狀元（見圖八十八）。

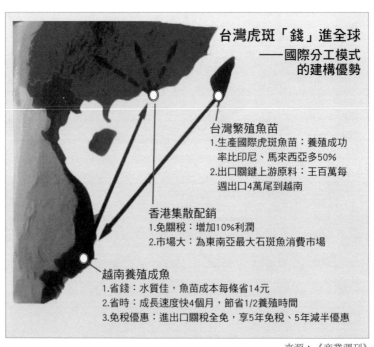

來源：《商業週刊》

圖八十八　王百萬的國際分工模式

從台灣出發，重振中國陶瓷光輝──陳立恆

企業小檔案

公司名稱	法藍瓷有限公司
成立時間	86年10月17日
資本額	新台幣5,000萬元整
員工數	82人
2007年預估營收	約美金1,800萬
主要產品	瓷藝精品

個人小檔案

出生年月日：1951年6月27日

學歷：輔仁大學德文系

經歷：海暢集團執行長、美國Franz執行長

現任：海太科技總經理、美國Amphistar董事長、美國Starlite董事、美國Tiger Aircraft董事、美國NeuroLogic董事、美國Elsicon董事

給後進的一句話：成就他人、成就自己；教育自己、教育他人

「法蘭瓷（FRANZ）」和陳立恆是當代世界陶瓷業的熠熠新星！2001年陳立恆創立法蘭瓷這個品牌，才六年光景，法蘭瓷已成為國際精品著名品牌中的新明星！最令人激賞的是，陳立恆把國際分工發揮得淋漓盡致，在法藍瓷誕生第四年就主導「福海騰達」瓷器餐具組的國際分工計畫，陳立恆首先取得北京故宮的授權及監製，由法藍瓷的設計團隊以清代龍袍上的龍形圖案為主題，設計深具中國風韻和西方雅潔的瓷器餐具，並下單給三家法國頂尖製造工廠代工生產。

2006年12月19日在北京面世的這套價值百萬元台幣、全球限量生產兩百套的餐具，頓時搶盡全球瓷器風采，在法國總統Jacques Chirac及其他歐美外賓嘖嘖稱羨的氣氛下，似乎重返中國瓷器獨霸世界的宋朝歲月！不久，聯合國頒發傑出工藝獎章給法藍瓷的另一作品「寫意人生——八色鳥系列」，更彰顯法藍瓷在文化創意上的努力！

瓷器是中國人的驕傲，是繼羅盤、火藥、印刷、造紙之後的第五大發明，精緻的中國瓷器被歐洲人視為白金，他們認為瓷器就是中國、中國就是瓷器，而有「China is China」的說法。

從十四到十八世紀，歐洲貴族都以擁有中國瓷器為榮，波蘭王奧古都甚至願意以一整團軍隊換取一艘滿載瓷器的船隻；歐洲的王公視瓷器為一個謎，不斷的投下大量資金請匠人、冶金師等，希望破解瓷器之謎，直到約三百年之後，歐洲才終於找到生產瓷器的方法，發展出歐洲風格的瓷器。然而，中國的瓷器發展卻盛極而衰，日趨沒落，2003年的相關資料殘忍地指出，中國大陸一件瓷器的平均單價低至零點二五美元

，中國瑰寶幾乎淪為地攤貨。

反觀歐洲，知名的瓷器品牌如Bernardaud 、Wedgwood等都是來自歐洲各國；曾稱霸世界數世紀的中國瓷器在近百年來真是繳了白卷！

在上述形勢下，陳立恆是何許人也？短短六年之間打造了一個既能代表中國又深得西方消費者歡心的法藍瓷！進而一舉而躍登國際分工盟主！這是傳奇故事嗎？

法藍瓷不是傳奇故事

福海騰達瓷器餐具只是法藍瓷許多驚奇中的一個而已！它不是傳奇，而是漫長、艱辛的創業過程中的一個真實故事！

這套英文名稱定為「The Banquet of the Emperor」的餐具所找到的法國代工廠商分別是國際時尚界的翹楚：柏圖瓷器（Bernardaud）、昆庭銀器（Christofle）和巴卡拉水晶（Baccarat），是品質和品味的最高象徵；經由雙方合作，更突顯出中國帝王風範以及中法兩國文化品味和頂級工藝。陳立恆是如何得到這三家法國名牌願意代工，改寫了以往由台灣廠商代工、歐美廠商下單的歷史？

應該是中國文化的強大魅力和陳立恆的實力、創意折服了他們！因為在此之前，法藍瓷品牌面世第二年，就以台灣本土設計師何振武所設計的「蝶舞」系列，贏得紐約國際禮品展頒發「最佳禮品收藏獎首獎」，大批國際媒體紛紛打聽這個從未聽過的品牌，問是從哪一個國家來的

？法藍瓷自此一炮而紅，成為歐美各國消費者心目中的值得收藏的名牌瓷器。在陳立恆的運籌帷幄下，法藍瓷在歐美紐澳快速地建立了四千多個銷售點，益發使歐美時尚精品界大為震驚！

早年以「舊情綿綿」餐廳設計名噪一時的建築師登琨豔認為，法藍瓷是一個典型的美學品牌，把平面藝術立體化呈現，令人激賞。然而，陳立恆本人更瞭解法藍瓷受歡迎的原因，他的瓷器哲理是：「做瓷器要先研究人，要有能夠打動人的親和力和魅力。」

他指出：「法藍瓷在於其擁有獨樹一格的創意與風格，在歐洲瓷器品牌走向把實用性與擺飾性分開之際，法藍瓷卻強調functional art，以豐富的色調與立體雕刻手工工藝，堅持走出一條不一樣的路，並得到國際市場的肯定。」他也指出，物超所值的價位更是法藍瓷贏得歐美消費者喜愛的要素。

法藍瓷的漫漫長路

今年五十六歲的陳立恆，從事禮品外銷業將近三十年，一向以優秀的設計和製造能力為外商做OEM和ODM，十多年來平均營業額高達六千萬美元，1995年時更創下一億美元營收高峰；更令人驚訝的是，毛利率高達三成，比電腦業為好。

2001年他做出一生最重大的決定，以自己的德文名字FRANZ（法蘭瓷）作為品牌名稱，在美國成立Franz Collection Inc，在沒有政府任何協助下踏上了自創品牌之路！

　　法藍瓷一推出就得到成功，並非偶然，而是Franz Chen這個人三十多年來歷練的結晶。陳立恆是一名兼具藝術修養和感性創意的企業家，早在他就讀輔仁大學德文系時，就創立了引領台灣民歌風潮的愛迪亞民歌西餐廳，當時的著名民歌手如胡因夢、胡德夫、齊豫等都曾駐唱，而陳立恆本人也是留著長髮的樂隊bass手。當年和陳立恆共組樂團的著名導演賴聲川就說，陳立恆年輕時就是一個築夢踏實的人，念大三時就頂下愛迪亞餐廳，使樂團有一個固定的表演場所。

　　這家餐廳一做就十三年，陳立恆畢業後白天從事貿易、晚上就做自己的興趣民歌餐廳，他那時還幻想著自己邊走邊唱環遊世界，他說：「年輕時強烈的創作欲望，可能就是激發我後來創立品牌的動機吧！」

瓷器是自創品牌的最佳切入點

　　二十九年前陳立恆創辦海暢企業，從南投的鄉間做起，在90年代成為世界頂尖的禮品製造商，為歐美知名品牌極為信賴的代工廠。隨著大環境的變遷（新台幣升值、工資上漲、同業削價競爭等），陳立恆於1988年到大陸設廠，持續做OEM和ODM的生意。在大陸設廠一切發展順利，甚至曾做到一億美元的業績，但陳立恆卻敏感到代工的危機，就是大陸同性質的工廠如雨後春筍般冒出，以及人民幣升值、工資上升等經營大環境的變化，他說：「如果沒有自己的品牌，會陷入紅海的惡性競爭！」

　　外在客觀環境的驅迫以及他本人主觀的願望，終於使他大步踏上自創

品牌之路。但自創品牌風險非比尋常，以前羅光男自創肯尼士品牌的失敗案例，以及宏碁自創品牌的艱辛歷程，都提醒著陳立恆要小心從事。

在代工的諸多產品線中，陳立恆選擇以瓷器來自創品牌，主要著眼點是瓷器只佔代工產品的一小部分，不會引起歐美廠商的太大反彈。

儘管如此，他還是很小心先向美國大客戶Enesco溝通多次，說明瓷器精品只佔代工產品的小部分、而且市場會有區隔，他將走高單價路線，不會影響Enesco的大眾化路線。雖然如此小心翼翼，海暢仍然遭到Enesco及其他廠抽單，幸而陳立恆事前有所準備，所以能安然度過，在自創品牌第三年時突破一千萬美元營業額。

老天！給我人才就好！

在台北總部擺滿被台灣人稱為法藍瓷的精美瓷器的大辦公室中，陳立恆接受訪問，他一開口就說：「台灣現階段最大的挑戰是嚴重缺乏國際通路人才！」以他所經營的法藍瓷來說，歷史正等待他這個在台灣生長的中國人來創造：法藍瓷已往上躍升成為與歐美百年名牌平起平坐的中國精品名牌，但必須蓄備更大能量，才能不斷躍升，確保名牌地位！

他喘口氣說：「老天！給我人才就好！目標非常清楚，我已找到一條路了，資金也不缺，就是缺人才！」

他需要的是在台灣生長的、兼有語文和專業能力的國際通路人才！這並非地域之見，而是品牌戰打的是思維戰，必須能百分之一百執行品

牌的文化意識、傳遞企業價值和文化價值。他說，在上述條件下，台灣人是首選，台灣是保存中國文化最好最多的地方，而且是多元化社會、思想自由、百家爭鳴，所以在台灣生長的人可以精準地詮釋中國文化。他說：「我們在台灣仍然在接受中國文化教育。」他說，台灣人才仍然是值得信賴的，可以共患難，一起來打天下！

但他也指出，目前人才的缺乏情況，令他頗為焦慮。他舉例說，他曾招募法務人才，條件是要懂國際貿易以及良好的英文能力；但來應徵的人選雖然都是留學美國的碩士，但語文不好，令他無法聘用。

他說，除了英語，他還需要大量法語、德語……等歐語人才派往國外各銷售點訓練，以成為國際通路人才。他也不惜成本，大力培育進入公司工作的員工，設計師也經常出國觀摩，以吸收新觀念和新流行。

他特別指出，歐洲各名牌大廠的人力不足問題更為嚴重，他們見法藍瓷在世界陶瓷故鄉江西景德鎮設有工廠、擁有當地工藝精湛的工人，都渴望與法藍瓷合作，以解決人力問題。他說，這些都是機會、值得把握；所以他需要更多的國際通路人才來共創天下、重振中國瓷器光輝！

精緻龜毛的求全狀元

與強調成本和低價的成長模式不同，就是重視品味與完美的精緻狀元，這種性格的台商有自己的主見，不隨意隨波逐流，他們心中自有定位，想做讓人有「哇！」驚異感覺的產品，他們字典裡沒有「妥協」兩

字，雖然在其事業的發展過程，因財力不足，曾做過低單價的產品，但他們也會調整其品級內涵，逐步升級到精品的地位，如翻砂黑手起家的亞洲鑄件大王何明憲，從一開始的烤肉爐、壁爐生意，為求突破，不惜以公司資本五倍（上億）的金額添購自動化模具機器設備，且進一步朝向汽車零件領域發展，期望成為世界級的鑄件公司，他投入房地產業也先從六億元的小案開始練兵，第三個案子就在天母締造每坪七十萬元的最高紀錄，成為台北豪宅的新指標。

身價百億的劉文治是另一個例子，早期從事傳統產業的製鞋生意，以代工生產愛迪達的華岡為名，成為鞋業狀元之後，就轉投資旅館，他想替台北市樹立國際化標竿，讓外國人知道台灣不僅可生產好球鞋，也能蓋出有品味的好旅館，於是他精心設計締造與君悅及麗晶齊名，充滿歐洲情調的西華酒店（《商周》，2006）。

同樣，從做一個不到十元的鞋盒，到一年業績三十億的鞋盒大王，江韋侖有一次到義大利參觀鞋廠，受米蘭大教堂的宏偉建築震撼，深感好的建築可在歷史留名，價值可永世留傳，與鞋盒的壽命有如天壤之別，因此，他決定轉投資房地產，打造一戶總價一億三千多萬的豪宅。這一切與他追求完美，挑剔龜毛的性格有關，他甚至以「鱉毛」來形容自己，意指比龜毛還嚴厲苛求。

綜觀走精緻路線，成為行業狀元的成長特色（詳見圖八十九），大致可歸為以下幾點：第一，他們堅持品味，凡事儘可能求全，他們不只是重視外觀設計，也強調內涵的完美充實，更不敢忽視整體的氣氛與顧客的感

覺，像劉文治在設計西華時，想到自己住旅館就討厭那種像住在百貨公司或超市裡的感覺，他還要求空調送風無聲，使用衛浴設備時不打擾左鄰右舍，為此他在水管與空調管線的成本花費較一般旅館多30%，且身為旅館經營者，要切實體會旅行者的心境與感覺，他畢生最大的願望，就是在台北蓋出一座結合國際觀光飯店與豪宅的旅館式住宅，讓來台經商的旅客感受與世界級同步的頂級服務（《商業周刊》，2006.2.17）。

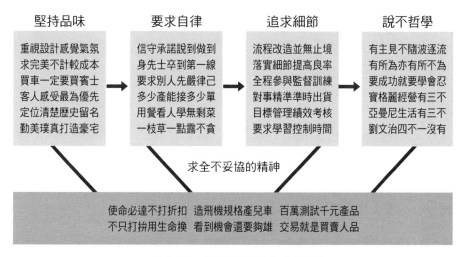

圖八十九　精緻龜毛狀元的成長奧祕

　　追求完美的行業狀元，總是要求最好的設備與服務，像全球嬰兒車代工大王「明門」的鄭欽明，他以造飛機的規格來測試兒童安全座椅設計，不但找航空專家來鑑定製程，且願意花百萬元費用，來測試一台只有幾千元的產品，也因堅持嚴格的檢驗和品質規格，不但使明門由OEM提升為ODM生產，且成Graco最大的供應商。

又如勤美的何明憲，他推出勤美樸真專案時，就要求在價值與高度上，成為台北豪宅的新指標，從命名就可看出其企圖心，為此，在拿下大安區土地後，他就反覆到現場觀察，甚至搭直升機到大安森林公園附近盤旋，感受從高樓往下俯瞰的視覺，捕捉光影的變化。他為了這個新地標推翻了建築師三十個模型，直到墨綠色大理石的牆角，配上歐洲雕花的銀色不鏽鋼的設計，他才點頭推出。

第二，自我期許與要求高，他們信守承諾，說到做到，且在要求別人之前，就以自己力行貫徹來做標竿，也因此不亂開支票。換言之，他們講求自律，且要求紀律，重視走動管理到現場去察驗實現。例如，明門堅持有多少產能就接多少單，接到的單一定要準時出貨，就算虧本也要達成任務；有一次客戶到最後才發現下錯了單，時間太急迫，只好自費空運，那次，運費成本比訂單金額還高，最後買主願與明門平均分擔，也因這種使命必達的態度，才獲得大客戶Graco的青睞。

其實，自律也是一種生活態度和工作精神，自律高者一定是積極主動，傾全力來衝刺，不達目的不干休，像五洲製藥「斯斯」的老闆吳先旺，他從鄉下帶新台幣五十元到台北打拚，如今是億萬元的身價。他的兒子認為他做事拚命認真，吳先旺卻說：我不只打拚，而是用生命去換。他認為上天如果給你一條歹命，你一定要把它翻過來，因為他「不識字很可憐」，要比別人想得多和想得透徹，才能成功

打造台塑集團新股王的南電總經理——張家鈵，他雖貴為王永在女婿，但他從掌握良率著手，落實細節管理，以一步一腳印的務實態度，

身先士卒，帶動南電的轉型升級，他不求快，但求穩，他認為人不能好高騖遠，因為貪多必敗，他說：「一枝草一點露，最多兩隻手各拿一枝，兩枝草兩點露，你要一枝草吃很多露，往往到最後，什麼都落空，就會吃不到露。」因此，他強調律己的重要，就連和記者吃自助餐時，都可提出「用餐看人」學。他認為夾菜可以看出一個人自不自律，假設人夾菜沒有吃完，那他的自律性就比較低。因此，他在訓練員工時，就要求吃公司的自助餐不可以有任何剩飯、剩菜，這不是要節省成本，而是要訓練人的自我管控能力。

第三、追求完美精緻的狀元，一定重視執行力，務實追蹤細節，管控進度。明門的鄭欽明，就要求做事要精準，二十三年的零延遲交貨紀錄，背後就是嚴密的流程管理，甚至開主管會議都以分秒來計時，當報告多出十五秒，他也會叮嚀說：你要學習控制時間。就連餐廳的主廚，也有一張績效表，員工吃的剩菜變多，是否表示廚師錯估用餐人數？是否菜色不合？每月是否創新菜色，每月實際用餐與推估曲線都要畫出來，全部都列入評估，同時也要開會的主管，一個星期前就把會議數據上網，目的是在訓練主管做好目標的管控，思考什麼是最關鍵的數字。

張家鉱讓南電成為新股王，祕訣無他，仍在落實細節的「精準」管理，他花兩年做好流程改善，找到良率與產品穩定度的關鍵項目。他首先在廠內設作戰指揮中心，以四面牆貼滿製造數字，每天更新，牆上上百個數據，他不厭其煩的讓工程師記載機器運轉速度、塗料濃度和雜質量的數據、機器溫度的高低起伏以及機器運作輪軸微妙變化情形，有了數據每星期再找主管開會，找出關鍵的數據。這種苦功夫，沒有運氣，

只有耐力磨工，經過不斷的觀察、對照、討論及調整，他們才找到良率與產品穩定度的關鍵所在，也是南電變成股王的智慧資產。

最後，求全求美的行業狀元都信奉「說不哲學」，他們不求速成，只有下夠功夫，才有好產品與服務，他們做事有分寸、有原則，該下注投資、就大膽賭下去，但對品牌、品味卻堅持不降格。換言之，即是有所為與有所不為。

旅館業大家——劉文治就信奉個人獨特的「四不一沒有」投資經營哲學，所謂「四不」即是：不合夥做生意、不向銀行或人借錢、不應酬、不接受採訪。「一沒有」則是不做沒有把握的事。換言之，他行事低調，不搖擺張揚，只做自己喜歡與有把握之事，這正可顯示精緻求全者，其心中自有一把尺，追求美好理想的企業人生。

五洲製藥的吳先旺，他的嗜好是買賣骨董，他說做骨董交易是買賣人品，而從事精緻的企業人生的行業狀元，何嘗不是將其人品與產品一併與社會交流呢！他們就是不要低俗，而要有優雅、細緻的成果來提升顧客的生活素質與人生品味。

綜合精緻龜毛的求全狀元，筆者以江韋侖作為代表性人物，從（1）務實本性、（2）挑剔個性、（3）觀色特性、（4）服務天性、（5）管理理性等五性（見圖九十），來說明江韋侖龜毛個性，使他追根究柢止於至善而臻至盡善盡美的境界。

在務實本性上，他力行走動管理，到第一線拜訪服務顧客，且要求

員工做詳細的工作心得報告，務必抓住顧客的心，做好細緻的服務；他的挑剔本性，使他蓋豪宅幾乎沒有完工的一天，因他不斷探索更好的材料與施工方式，即使已經動工，仍想再修改設計圖，他的需求好像沒有底線，與他配合的專家常說他的專精要求，甚至比他們還嚴苛，專家佩服他，但員工卻累得半死；他的察言觀色特性，逼得員工做事不但沒完沒了，且要時刻學習外界的產業動態，連住大旅館，都要求員工報告看到什麼可作為公司改進之處，而為蓋豪宅，他才買保時捷，以瞭解停車需求；他的服務特性又讓他關注客戶到無微不至的細節，帕華洛帝到台中演唱，他大方地送出兩百張一萬元的門票，供客戶觀賞，最後他的管理理性，使他的改善永無底線，也深入管理員工的生活與態度，他的員工要有苦行僧精神，因他的要求沒有極限，員工若停止努力，腳步就會跟不上。說實話，這五性使他變得不像追求利潤的生意人，反像個富有理想的藝術家，他所設計的房子都是獨一無二，連股東都願掏腰包來購買，比龜毛更嚴苛的鱉毛天性，怪不得他可做出豪宅精品。

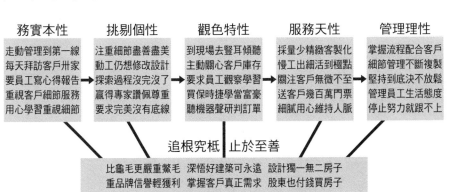

圖九十　江韋侖鱉毛個性追求精緻完美

追求完美，永不妥協——鄭欽明

企業小檔案

公司名稱	明門實業股份有限公司
成立時間	1983年
資本額	六億新台幣
員工數	5,000多人（含關係企業）
主要產品	嬰兒車、遊戲床、汽車安全座椅、學步車、兒童高腳餐椅等
市佔率	嬰兒車、汽車安全椅類達50%以上

個人小檔案

出生年月日：1952年12月1日

學歷：中原大學土木系學士，政大EMBA
碩士

現任：明門實業公司董事長、雅文兒童
聽語文教基金會董事長

經歷：明門實業董事長、雅文兒童聽語
文教基金會董事長、政大經營管
理協會理事長、台灣癌症基金會
董事、台灣策略成本管理學會理
事長

獎項：2007年中原大學傑出校友獎、2006
年中華民國管理科學學會頒發之「李國鼎
管理獎章」、

給後進的一句話：認真做好手頭上的每一
件事，施比受更有福

鄭欽明，明門實業及雅文兒童聽語文教基金會董事長，作風冷硬嚴
峻、一絲不苟；對人生堅持完美、永不妥協！他以追求精緻的龜毛精神
把明門實業打造成為全球最大的嬰兒車代工廠；更以大愛精神創辦雅文
基金會，誓言要在二十年內，讓台灣所有的聽損兒都聽說自如！

橫眉冷語的企業家竟是孺子牛

鄭欽明日常生活經常出現的場景是：坐在台北內湖科學園區明門實
業大會議室中，連接著紐約、東莞和台北等地的視訊會議正緊密進行，
他神色嚴肅地聽著二十多個單位幹部逐一報告工作，有時幹部的報告才
完畢，他如鋼鐵般的聲音馬上響起：你們要多多學習時間的控制……事
實上，報告只比預定時間多出了十來秒而已！當然沒有人敢辯解，大家
繼續正襟危坐，悄然地聽著他的指示……

接著場景跳到石牌一家公寓的三樓：鄭欽明一推開門，映入眼中的
是一群正在喧鬧的孩子，大家一看見他馬上跑上前叫他：「鄭爸爸！鄭

爸爸！……」鄭欽明眉開眼笑地答應著要他抱抱的孩子，一面迫不及待地脫下像武士甲冑般的西裝外套，蹲下來與孩子們玩成一片，鏡頭帶到孩子們的耳後，一根細小的黑線悄悄地延伸到腰後的一隻小方盒，大家與鄭欽明開心地玩著、大聲地說著話……

不錯，這位全球最大嬰兒車供應商的董事長，生活重心就是明門實業和基金會！鄭欽明做公益與台灣一般企業家不同的地方是，他不但捐錢，還親自經營。台灣平均每年約有三千六百名聽損兒誕生，鄭欽明透過基金會推動「聽覺口語法」，每年幫助約三百五十名重度聽損兒。

在眾多企管學者的眼中，鄭欽明是個難得的典範，國立中山大學管理學系系主任葉匡時說，企業家捐錢做公益是很常見的事，但要親身下海經營是幾乎找不到第二個了！他指出，企業家的管理能力對非營利事業來說，比捐錢更寶貴！如果有更多的企業家能像鄭欽明一樣，勻出時間來親自經營管理，所發揮的效果一定是非常大的！

長庚醫療體系顧問吳德朗就多次向媒體指出，鄭欽明做好事的深入程度絕對不輸台灣任何富豪，這位享譽國際的心臟醫學權威也是雅文基金會董事，在親身瞭解鄭欽明之後，極為佩服他的勇氣和毅力，基金會碰到許多令人氣餒的狀況，如台灣各地方政府及學校的冷淡反應都令人極為灰心，但鄭欽明都會堅持，設法完成工作目標。

鄭欽明的確與一般企業家不一樣，他的事業因愛情而順利展開，人生因化小愛為大愛而無憾！他的身價連台灣首富郭台銘的十分之一都搆不上，但他在遭打擊之後所開創的人生完美度，令許多人敬佩卻難以做到的。

神仙夫妻合創事業

鄭欽明早年在一家貿易公司做業務，因工作關係認識了影響他一生的倪安寧（Joanna Nichols），這位來自美國加州的女孩為人謙和親切，二人很快的成為情侶，後來結婚並於1983年共創事業，從台北縣五股路邊的鐵皮屋開始創立嬰兒車王國。鄭欽明做事強硬、對產品品質堅持度非常高，美麗端莊的倪安寧則以柔軟、幽默的個性贏得來往廠商和客戶的心！除了中文流利，倪安寧還能說五國語言，成為明門實業的超級業務員。經二人努力打拚，明門實業在成立七年後打敗其他十三家同業，成為全球第三大嬰兒車品牌葛萊公司（Graco）的重要供應商，並進一步成為世界第一大嬰兒車供應商。

追求完美品質是鄭欽明帶領明門實業走上世界第一大廠的指南針，嬰兒車是最講究安全性的，他以生產飛機的規格來生產嬰兒車及系列產品，明門是全球第一家能在歐美地區以外，生產認證安全嬰兒車、嬰兒遊戲床、汽車安全座椅、學步車等系列產品的業者。他說：「明門把製造做到無法取代的地步。」他舉例說，明門建置了汽車業專用的電腦七年回溯系統，一旦兒童嬰兒車、兒童安全椅等產品要進行全球回收，明門的電腦系統可以回溯到最近七年內的所有生產資料，找出產品問題所在。

十多年前，台灣經濟大環境發生重大變化，新台幣升值、工資上升，明門實業也如其他台商一樣，到大陸東莞設廠，繼續代工嬰兒車的生產。但對東莞廠的投資做法與一般台商不同，一般傳統產業業者到大

陸設廠，定位在低勞動力的原料加工廠。但鄭欽明卻是在東莞建立上下游整合的生產線，並購置造價昂貴的測式設備，在廠區進行包括布料水洗、乾洗與日光老化測試，以及撞擊測試等。明門副總經理陳景昌說：「就連小小的彈簧，都要經過一百萬次的拉扯試驗。」此外，並在東莞廠蓋起教育訓練中心與研發大樓，並從工程部門拔擢表現優異的工程師，訓練成為產品研發人員。

全球三百項專利，設計能力超強

鄭欽明早已看出，單靠OEM代工非長久之計，除強化東莞廠的生產能力外，同時積極建立創意設計能力，走上附加價值高的ODM路線，分別在台灣、大陸和美國設立研發中心，建立設計團隊，為產品注入更多創意和附加價值。

在鄭欽明幾近吹毛求疵的嚴格要求下，明門在設計方面有非常亮眼的表現，如全美嬰兒車及嬰兒床第一大品牌、也是明門的主要客戶Graco，其在十八年前獨步全球的嬰兒床專利摺合設計，在2004年為明門改善，並取得改良的專利，成為Graco的暢銷產品。明門目前大約在美國擁有六十多件專利、全球為三百多件。明門已正式代Graco設計下一世代產品，Graco的年度產品大約有六成是由明門代為設計。

在去年，明門所設計的幼童汽車安全座椅贏得在世界設計界有「奧斯卡獎」美譽的德國紅點設計獎（Red Dot Design Award），首度參賽的明門從四十一國、參賽作品兩千多件中脫穎而出，對明門來說

，多年辛苦操練終於有了大突破。要特別說明的是，參加這類比賽的大多是科技類廠商及設計公司，在傳統產業來說是頗罕見的。Red Dot Design Award的創辦人Dr. Peter Zec 就指出，許多參加紅點比賽活動的公司，一直努力投入創新和設計，目的就是期望從競爭中獲勝並傳達其品牌價值。Dr. Peter Zec也是國際工業設計協會（ICSID）的主席，他提醒參賽廠商：「產品僅具創新是不夠的，還必須有很高的品質，而表現產品品質也是設計的目的之一。」

明門的得獎作品汽車安全座椅確實符合了Dr. Peter Zec的評論，這個設計早已量產，2004年就在台灣的奇哥嬰童百貨各門市銷售，是非常暢銷的產品。這次得獎是很大的鼓勵，或許明門會在下一步走向自創品牌。

大愛使人生無憾

愛情事業兩得意的鄭欽明，卻在他最美滿的愛情上遭到意想不到的重大打擊。在事業鼎盛之際，倪安寧卻在2001年因乳癌逝世，得年四十七歲。走得匆忙的倪安寧就像偷偷下凡的仙女，來不及收拾凡間的一切就不得不飛返她心不歸屬的天庭！

倪安寧留給鄭欽明的是兩個可愛的女兒和專門照顧台灣聽損兒的雅文基金會！鄭欽明把綿綿思念昇華的方法就是盡全力辦好對他意義非凡的基金會。

雅文基金會是倪安寧在十年前創辦的，他們的第二個女兒雅文在

十一個月大時，被倪安寧發現竟是重度聽障，她放下公司所有事情，展開了前往世界各地尋求醫療的艱辛歷程。經過前往澳洲開刀、左耳植入電子耳的手術，再加上相當重要的「聽覺口語法」教導，當時三歲的小女兒終於會說話了，從此一切步入坦途，說話與一般孩子毫無分別，然而其間所耗費的金錢是一般家庭無法負擔的。

脫離惡夢的倪安寧卻想到台灣其他聽損兒家庭的痛苦，她決定創辦基金會，並立下願景，二十年後要做到台灣的聽損兒都能聽說自如，與一般兒童沒有分別。一切都在推動中，但倪安寧卻突然走了！鄭欽明決定親自扛起基金會的重擔，他說：「這是我對她的承諾，或者也是愛。」

鄭欽明為實現台灣成為華語教學個案數最大的「聽覺口語法」教學基地的夢想，這十年來自掏腰包投下的金錢，逼近明門的資本額（新台幣六億八千元），他對金錢的看法是：「錢夠用就好了！」

結束訪問時，記者發現他身後的照片，照片中二人笑得幸福好像要溢出來，他恬淡地說：「這是我太太！」鄭欽明以大愛精神使橫遭挫折的人生昇華為完美人生，精緻龜毛和大愛精神確實造就了一位與眾不同的行業狀元！

人際結盟的內創狀元

企業要快速而長久的成長誠然不易，若因有好商機或有好的研發產品出現，這時常會有外行者進入，成為競爭者，因為新進者總認為這個

「好坑」的事業有暴利，想分一杯羹。另外企業內的員工也可能認為公司的利益分配不公平，而萌發創業的念頭，有時甚至聯合外界投資家創業，與老東家打對台；而新進投資者以高薪來挖角，所用的各種權位與金錢誘因，通常都是企業無法提供的，因此，企業不斷細胞分裂，由獨家而變成二家、四家、八家。常聽有些創業老闆說，我是這個行業的播種者，從我這裡出去的同業，甚至可開本公司的「退除役官兵委員會」或「同學會」，就說明人與人之間相處的複雜性，台灣這麼多的中小企業，誰都不服誰，誰也做不到永遠對老闆忠心耿耿，這多少與「權錢分配」不公有關，舊老闆無法「將心比心」，以致人才精英不內創，反而自立門戶，自己當起老闆，結果就是與你為敵，拚價競爭。

中國第一個平民皇帝劉邦，在其創業有成，登基之初就明定「非劉氏不得為王」的鐵律，然而形勢比人強，他前後也封了八個異姓王，最後八王中有七王，像韓信等都先後因各種因素，變成「叛」漢，只有一位實在沒有能力背叛，才未變節。可見王國是要靠強將賢臣來打天下，但這些人羽翼已豐，若未得應有的回報，最後總會自立門戶，企業的狀況也是如此。

國內的台南幫是由侯雨利、吳修齊昆仲及翁川配等人共同打拚設立。他們以標會的形式籌資，當集團有人出來創業時，其他人則出資協助，讓其自立自主，由於大家相互支援，以過去共事的人際網絡為基礎，因此，形成以情義大於利害的大結盟，但因各人各擁事業體，此種柔性的結合，也形成一大力量，但畢竟不像王永慶兄弟結合那樣擁有剛性的控制力。

　　國人雖以五倫（君臣、兄弟、父子、夫妻、朋友）為基礎，配合「同」（同姓、同鄉、同學），「緣」（血緣、姻緣、地緣、學緣），「老」（老師、老鄉、老長官）等三要素來運作，而譜成一強而有力的人際網，但因人人可用，故可組成企業集團，卻也可使集團分裂對立，因此，人際關係既是企業壯大成長的潤滑劑，但卻也是破壞力極強的隱性地雷或炸彈。

　　由上分析可知，台商企業之成是人，敗也是人，但本文要特別介紹幾種因人際的結盟而成的行業狀元，此範疇大致有四種類型，以下分述之：

員工變老闆的內創狀元

　　無可否認，員工變成老闆是專業經理人的美夢，南良集團的蕭登波就以深諳人性的內部創業機制，讓其企業版圖越來越大，這種讓員工當老闆，分享利潤的做法，竟使南良衍生出五十六家子公司，且企業還不斷地擴大充實，不但從未有員工革命起義去創業，反而以更少的資金和更快的速度從事鞋材垂直整合，上至擁有織布染整廠，下至生產球鞋背包，且橫向跨到成衣與製袋業，而在鞋材、袋材形成垂直整合行業狀元。

　　創業稱王是中國人的天性，但一般老闆要分權讓利給其員工分享是不可能的事，南良蕭登波很看得開，他認為與其讓手下高才外創，變成競爭對手，倒不如給他舞台空間，雙方做合作夥伴，這樣就可以長期共同打天下，他這種與一般企業主逆向思考的做法，創造出與眾不同的內部創業模式。

　　然而並非所有的南良經理人都可以創業，合創公司是有條件的：（1）選拔優秀專才，開拓核心新事業、（2）降低企業集團採購與生產成本的衛星支援體系者，這兩類退休或轉任開創第二春。南良的優秀幹部入股變成老闆後可享受的分紅配股，並非一般高科技所流行的4%～8%，而是新創事業的15%～20%，如果該新創業的經營團隊原有的分紅，再加上他們原先持股的比例，則誘因相當驚人，因外派經營團隊最高可認持股為15%，全部不超過50%，南良集團則持股30%至50%，成為最大股東，由於外派團隊除了持股分紅之外，尚可分享額外的獲利15%～20%，故外派團隊總共可分股利的五至七成，有這麼好的誘因，外派團隊豈不積極努力？因為創造利潤，分享成果都是可實現之美夢。

　　由上所述，可知蕭登波的分權讓利雅量，結合天下英才而用之，其企業王國因而快速形成。震旦企業的顧客滿意、員工樂意、經營得意的「三意」哲學，終於藉內部入股分紅的創業模式，將經營理念變成活用實務。茲以圖九十一來說明蕭登波對人性的深入瞭解與應用之妙。

　　首先，蕭氏成功關鍵在於：（1）識人之精、（2）待人之誠、（3）用人之寬、（4）留人之雅、（5）享人之敢、（6）創人之準。由於在識人、待人、用人、留人、享人及創人等六方面皆痛下功夫，且輔以分享內創機制，蕭氏一條龍企業才能夠快速形成。

　　其次，蕭登波顯然精於管人理事，他深知孝子不會背叛，喝酒乾脆的人不會佔人便宜，這種人可共事創業，而他自己則真誠待人，贏得部屬效忠回報。而每當部屬家有喪事，他一定親臨致意，重視上下之情。

而他用人寬厚，人人可用，分權分利，讓部屬自動自發，將公司看作自己的事業，自然屢創佳績。

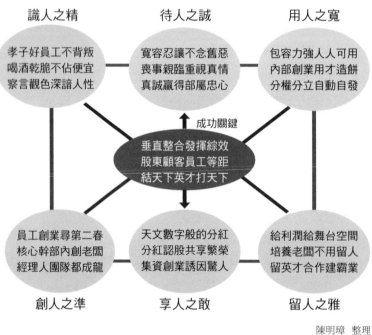

識人之精　　　　待人之誠　　　　用人之寬

孝子好員工不背叛
喝酒乾脆不佔便宜
察言觀色深諳人性

寬容忍讓不念舊惡
喪事親臨重視真情
真誠贏得部屬忠心

包容力強人人可用
內部創業用才造餅
分權分立自動自發

成功關鍵

垂直整合發揮綜效
股東顧客員工等距
結天下英才打天下

員工創業尋第二春
核心幹部內創老闆
經理人團隊都成龍

天文數字般的分紅
分紅認股共享繁榮
集資創業誘因驚人

給利潤給舞台空間
培養老闆不用留人
留英才合作建霸業

創人之準　　　　享人之敢　　　　留人之雅

陳明璋 整理

圖九十一　蕭登波用人內部創業成鞋材狀元

再者，他的留人之雅，可謂全不費功夫。除了讓員工分享利潤，並給揮灑空間的舞台，員工自己都已當老闆，豈還有走人或退休之心？他的享人之敢，更有大謀略，可謂長期妙算。就因集資創業的誘因太誘人，創業夥伴分享得多，他得到的更多，在名利雙收之外，還贏得大家的尊重與敬業，可謂達成雙贏效果。

此外，他的創人效果更是難得，他創造一條龍的創業團隊，既有核心能力優勢的內創團隊，又有上下垂直整合以及攻擊擴充的外擴團隊，創業團隊真享「有夢最美」，自然「希望相隨」。

中外合作蓋廟的造餅狀元

一般而言，內部創業皆有投資入股的設計，然而，亞洲第一，世界第五的健身器材老闆，喬山羅崑泉提出的「蓋廟」理論，卻是另一種成長模式。他出錢蓋廟，聘請在歐美的老外專業經理人當廟公，給予良好的獎勵條件，以目標管理為媒介，雙方產銷分工，彼此密切配合，讓老外經理人把喬山的品牌當成自己的事業來經營，這種不出錢入股卻有股票分紅的合作創業，的確改寫台商內創成長，成為行業狀元的新模式。

原來，羅崑泉採取整合中外優勢的產銷分工模式，雙方合作發揮各自的專長，羅崑泉負責台灣人最擅長的生產製造與研究開發，並走向垂直整合，以開發零組件來降低成本，且為發揮生產效率，2001年就到上海設廠製造。除了替世界十大名牌中的五大代工貼牌外，自己也自創品牌，並購買歐美老品牌，以增加銷售通路上的影響力。

由於不懂歐美市場與行銷手法，於是他就把自己擁有的品牌與通路的管理，以訂契約的方式，授權老外總經理來經營，他在歐美聘了十六位洋將，每人負責一家公司與品牌的經營，他不斷複製美國的行銷公司模式，在各國挖掘人才，不斷蓋新的廟，聘請專業廟公擴展品牌市場，創造業績，他現擁有高、中、低四個品牌，在十一國聘請十六位洋廟公

經營其品牌。

其實,羅崑泉的產銷分工模式非常靈活務實,譬如在美國就為四個品牌設四個廟,聘四個廟公,他每月公布各家的行銷業績,讓各家相互競爭,刺激業務的成長,並按業績的達成率給予高達15%的盈餘分配,如業績有更大的進展,還可股票分紅,換言之,分紅是按業績與成長來計算的,以他與洋廟公所簽的合約營收總額來看,2008年將挑戰世界第一。很顯然,羅崑泉的廟公理論模式,操作起來簡易可行,他利用競爭與分紅的人性誘因,讓中外的產銷分工做優勢的資源互補,既可做代工又可自創品牌,帶動企業的成長,怪不得喬山獲利為業界第一,且成長快速驚人。

連鎖經營內創狀元

近幾年,連鎖經營像雨後春筍般的快速崛起,早期大都為公營企業,如金融機構在各地的服務單位,現則擴大到各種生活產業與個人服務業,基本上也不太需要龐大的資金與人力需求,也因電腦和管理標準作業程序(SOP)的制定,使得有一套具標準化,可複製的營運模式,就可建立一連鎖加盟體系,這些新型的連鎖經營類型,大都有一個本店或旗艦店,具備完善的管理功能和齊全的產品與服務,同時身兼新產品與新服務的研發中心,以及教育訓練的最佳場所。由於其操作模式不似製造業那樣的複雜,因此,只要創業者與專業經理人密切合作,將本店或旗艦店經營得宜,就可到各處複製開分店或徵求加盟店,因而發展快速。

　　這種以銷售和服務為主的連鎖服務，不但可快速打開市場，且因形象廣告的建立，連鎖經營已成另一種商業新形態，新業種不斷被開發，這其中當然不乏行業狀元，如生活型的7-11、美髮業的曼都、房屋買賣的信義房屋、賣咖啡的星巴克、餐飲業的麥當勞以及語言學習的吉的堡等，總之，隨著現代人生產的充實而產生各種類型的連鎖經營，未來如再跨海到中國大陸以及歐美各地，則連鎖經營的發展將有無限的空間。

　　一般而言，連鎖經營的內創型介於在上述所介紹的兩種類型之間，主要係連鎖經營有自營店和加盟店，其中，自營店有企業獨資與員工參與投資兩種；加盟店則以加盟者自行投資為主，也有一部分仍受到本店技術、管理的指導，加上少許的資金投入。當然加盟者與連鎖體系之間的變化幅度較大，而本文這裡所指的內創乃指企業鼓勵優秀員工到外地建店，原企業亦有投資，再加以技術與管理的協助者，這種以「人際關際」為主，經由雙方的努力和管理與技術的加持，終於將連鎖經營擴散而成一龐大的力量。

　　由於連鎖經營內創狀元甚多，本文上述所提的7-11等都是典型的代表，茲因篇幅所限，在此不擬作太多的討論。

義氣合作的結盟狀元

　　台灣一向流行單打獨鬥的中小企業，其本身因資源有限和人材缺乏，雖然拚勁十足，充滿創意，且具彈性靈活的特性，而能突破發展走出一片天，然而畢竟格局不大，加上市場狹小，發展空間受限制，以致

流行「內鬥內行」的殺價競爭，只要一有產品暢銷，馬上引來一窩蜂的投入，市場馬上成為叢林戰場，也因搶單成性、流行殺價、企業成長困難、同業成冤家，前述的成本優勢狀元，不但搶同業的市場，也毫不留情的消滅同業。因此，儘管台商相聚成窩，甚至「結市」成商場網銷售，但殺價風成形、獲利不大，成為行業共同的景象。因此，有人戲謔地指出：一個行業只要有台商介入，當台商佔有市場六成時，那個行業就慘了，殺價一定沒完沒了，最後獲利者一定是外商與消費者，這真是一針見血之言。

儘管「同行相鬥互殘」已成商場通則，但這打不破的聖牛定律並非永屹不搖，台明將林肇睢偏偏不信邪，他秉持「有錢大家賺」的哲學以及「花花轎子人抬人」的胡雪巖義氣風範，竟將一向習於殺價惡鬥的同業，聚攏到國際上打群架，不但壯大了自己與同業，也讓玻璃業「根留台灣」，集合二十八家同業到彰濱工業區設廠，成為新的「玻璃」聚落，連帶也使台玻在十五年後返台投資平板玻璃窯，中國大陸的同業也只好瞠乎其後。

其實，這種做法也曾經有多人想過和嘗試過，過去政府也曾出面組織各種產業的聯營公司，同業公會也出面召集產銷協調會，制定各種不競價的自律公約，但都無疾而終，宣告失敗。林肇睢靠他的義氣助人，不獨霸的「分享」做法，終於贏得玻璃業幫主的地位（《商業週刊》，2005）。

當然，大哥自然有其迷人的風範，一開始他就不想獨大專享，而把

好處往外分，當他接到IKEA的超大訂單，並未只顧自己擴廠，反而邀集十五個同業一同分享，也因凝聚力強，將內耗殺價的本質轉向外鬥，以集體的力量連續兩年殺價25%～30%，瑞典的競爭者就倒了。這樣，好處大家分，風險共承擔，大家又共同擴產，這樣的合作成長，穩定了業界的產銷秩序，大訂單以共同產能分擔消化，小訂單各自發揮，這種既顧專業分工又顧及同業發展做法，自然人人有成長之機，而在共同的產銷如展覽活動中，台明將林肇睢又處處忍讓，犧牲小利，成全大局，這樣自然將大家的義氣鷹揚，捐私為公，看大利與遠益而不計當前小利，久而久之，到國際打群架的本錢與機制就建立了。

本文以圖九十二來說明林肇睢成為玻璃幫狀元的歷程，一開始乃在於他的為人處事態度，他講義氣，願助人，熱忱地邀人來結盟以築夢與逐夢，且經年累月開車拜訪協力廠商，以流動辦公室做立即的服務；又願與同業傾心相交，碰到同業有困難，以自建的大倉庫原料支援，不但不收現且允許出貨押匯後付款，這種雪中送炭助人的風範，的確少有人及。

最重要的是他願意捐大單來讓大家分享的心胸，這種不坐大、不統收好處的做法，自然贏得同業的敬重，由於生產力分割分工卻不分散的凝聚力，自可打敗國外競爭者的優勢殺價力，集眾人的產能不但不怕大訂單的流失，同時既掌握國外大客戶，有了成長商機，就可穩住產業秩序，大家共同分擔生產，自可同心結盟。這樣，來回幾次，彼此就不再小氣看短，如能再加上企業銷、產、人、發、財功能的合作，建立玻

璃聚落就有可能，也因以義氣結盟，義利結合，所以在幫主的號召下，二十八家同業願意在彰濱，合作建立台灣玻璃第一個加工專區，這種合作不合併的產銷合作模式，所產生的行業狀元（台明將年營業額二十億以上），其成就的確令人刮目相看。

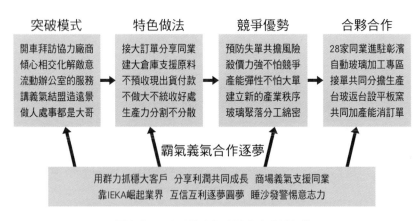

突破模式	特色做法	競爭優勢	合夥合作
開車拜訪協力廠商 傾心相交化解敵意 流動辦公室的服務 講義氣結盟造遠景 做人處事都是大哥	接大訂單分享同業 建大倉庫支援原料 不預收現出貨付款 不做大不統收好處 生產力分割不分散	預防失單共擔風險 殺價力強不怕競爭 產能彈性不怕大單 建立新的產業秩序 玻璃聚落分工綿密	28家同業進駐彰濱 自動玻璃加工專區 接單共同分擔生產 台玻返台設平板窯 共同加產能消訂單

霸氣義氣合作逐夢

用群力抓穩大客戶　分享利潤共同成長　商場義氣支援同業
靠IEKA崛起業界　互信互利逐夢圓夢　睡沙發警惕意志力

圖九十二　台明將合作結夥成玻璃幫主狀元

除了上述十大代表性模式之外，行業狀元當然還有許多模式值得探討，如包括日、韓等亞洲企業在內，都盛行降低成本的價格戰，這方面尤以後進中國本土企業更是青出於藍，由於提高生產力，屬行合理化以降低成本已是東亞企業的一般模式，故這方面表現卓越的特別多。然而，這種以價格戰而成功的成本狀元，本文不準備加以介紹，畢竟這種努力是永無止境的，且人才輩出，成功模式總是不斷在更新，但也因它太普遍，故暫列而不做深入討論。

第二部
狀元的衛冕策略

第5章

成功不再的
八大根源

成功只是中間站，它沒有終點站。行業狀元也不是永久的，因為任何有機體都將逐步邁向死亡，企業亦然；企業一直都在進行一場沒有終止線的競爭。雖然我們常看到一戰定江山的豪情，毛澤東卻在其〈沁園春〉一詞中不經意地吟唱出古今風流人物必然走上同一條「俱往矣」的路：「江山如此多嬌，引無數英雄競折腰。惜秦皇漢武，略輸文采；唐宗宋祖，稍遜風騷。一代天驕，成吉思汗，只識彎弓射大雕。俱往矣，數風流人物，還看今朝。」行業狀元亦復如此，不知守成，輝煌成就必然轉眼成空，因此道家的長春真人就說：天下沒有永生之道，只有養生之道。

近幾年，台灣盛行政黨輪替、產品世代交替、企業執行長被頂替的現象，可見企業組織也有生命週期現象（見圖九十三），為何行業狀元也遭取代輪替，值得吾人探討其原因。

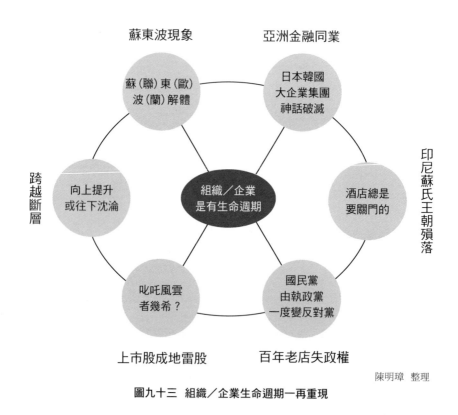

圖九十三　組織／企業生命週期一再重現

原因一、成功者常有一種自以為是（神）的幻覺，以為他可掌有一切，面對過去的成功，他未能修心養性，對顧客與社會各界感恩，反而誤認天縱英明，自己很偉大而忘掉我是誰。

　　這些行業英雄常有些過於自我迷戀，甚至狂妄到自我中毒，總以為過去的成就會延續到未來。殊不知，過去的成功是未來的負擔，如今是先行享受，未來將要加倍奉還。管理的慣性定律，讓人沈緬於昔日的豐功偉業，企業內不再有負面的批評和意見，企業內部大都是同一類型的人，異質人才沒有存在的空間，人才的高度相似使狀元企業要轉型變得格外地困難，相對地連機會的落差（opportunity gap）也失去了。鴻海的郭台銘就說：無知的人不可怕，就怕無知的人有膽識。比爾·蓋茲也說：成功是差勁的導師，它帶給你無知和膽識。

　　坊間曾有一本暢銷書《成功不墜》，作者唐納·薩爾（Donald N. Sull）就指出成功的慣性陷阱（見圖九十四）。他的研究發現：失敗的巨星（狀元）企業，它的領導人大都是：（1）有遠見、有方法，早就預知環境變動，事先找人研究對策；（2）既積極又敬業，工作時間長且懂得應付變局；（3）很聰明又有成就，過去替公司立下汗馬功勞的就是這些領導人；（4）既知問題，又採行動，隨時怕出狀況與危機。這些狀元為何會失敗？Sull的結論是：領導人陷入成功的陷阱，他們加速沿用過去成功的模式，來應付巨變的環境。換言之，他們沿用以前那套管理的模式，而且用得更多更積極，結果策略架構就變成遮蔽視線的眼罩，資源開始僵化變成重擔，流程變成例行作業，關係變成桎梏，價值成為僵化的教條。結果如何，可想而知當然是被輪替取代。

原因二、成功者將其優勢無限上綱，以為他成功的這一套是寶典聖經，殊不知環境不斷在變化，這一代不同於下一代，他們卻看不到市場真正的顧客需求與虛實變化。

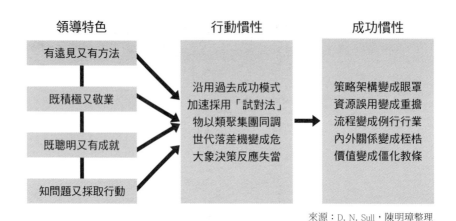

來源：D. N. Sull，陳明璋整理

圖九十四　成功常見的慣性陷阱

　　筆者認為：經營事業沒有魔法（magic），只有實實在在的基本法（basic），為免被競爭所淘汰，只有不斷精益求精，努力加持開拓（traffic）才有美妙的音樂饗宴可品聽（music）。

　　伊卡魯斯（Icarus）的弔詭就足以說明這種現象。伊卡魯斯是希臘神話中的人物，他的父親做了一雙翅膀，讓他得以逃離被囚禁的小島，他飛行技術一流，他越飛越高，越來越接近太陽，直到太陽融化黏住翅膀的蠟，於是他墜入愛琴海而死。弔詭的是：他最大的本事與資產就是他的飛行能力，但成也在此，敗也在此。

　　美學者Danny Miller曾深入研究為何強盛的企業會走向衰敗（見表三）。他將這些公司分成四種類型，第一種是技藝超群者（craftsmen），其表現在工藝方面的成就令人刮目相看，但卻迷失於工

程細節，未能看清市場的真實需求，代表性企業為德州儀器、DEC及迪吉多電腦。第二類是建立利基者（builder），創業者雄才大略、佔有利基，其後勢看好、充滿潛力，但卻擋不住誘惑，醉心多角化，終於備多力分，拖垮了本業而失敗，代表企業有ITT、Gulf & Western。第三類為開路先鋒（pioneers），它創新產品引起市場熱烈迴響，但因沈溺於原先的輝煌，因而熱衷於開發創新，但卻產出新奇而無用的產品，最後被市場所擊敗，如王安電腦與許多一代拳王。最後則是推銷大師（salesmen），它很會促銷產品，深信只要做好廣告促銷，沒有商品不可順利賣出，然卻不注重研發設計與製造，因此生產一大堆劣質又無特色的產品，不被市場所青睞，代表性企業為寶僑與克萊斯勒等。這四類公司都曾輝煌過，但最後終究難逃失敗的命運。

表三 從強盛走向衰敗的企業

企業類型	強盛	衰敗	代表性公司
技藝超群 Craftsmen	傑出的工程技藝能力初期表現一流令人刮目相看	迷失於工程技術的細節，無法看清市場的真實面	德州儀器（TI）DEC，迪吉多電腦（DE）
建立利基 Builders	創業者雄才大志，佔有利基市場，後市發展充滿潛力	擋不住誘惑，醉心多角化，終於備多力分，兼業外務多而拖垮了本業，以致一發不可收拾	Gulf & Western ITT
開路先鋒 Pioneers	創新商品引起平地一聲雷的震撼，且獲得市場迴響而銳不可擋	沈溺於原先的輝煌創新，因而持續不斷尋求創新，結果生產出新奇卻無用的產品	王安電腦 一代拳王
推銷大師 Salesman	企業銷售能力極強，深信只要做好促銷廣告，沒有產品不會順利銷售	不重視研發設計及生產製造，以致生產一大堆質劣無特色的產品，不被市場青睞	寶僑公司（P&G）克萊斯勒（Crysler）

來源：D・N・Sull，陳明璋整理

原因三、成為狀元者不再繼續學習，進一步追求卓越。

他們以為企業已經夠強、夠大，大家可以靠大樹乘涼，相信企業有如鐵達尼號遊輪那樣，堅固安穩足以抗拒任何外來的變動與風險，殊不知冰山已在前方等它來撞擊，此乃企業一成功，官僚體制就流行而產生店大欺客的現象，服務熱誠與向上心迅速遞減。許多行業狀元股票一上市，經營者與員工馬上鬆懈下來，大家認為美好的仗已打完了，且已賺了不少錢，該享受了，不必再像往日那樣勤奮努力，就這樣，企業進步的引擎動力沒有了，這種企業怎會有明天？

其實，企業之所以卓越，成為行業狀元，乃是由於過去的努力，但今天若不再繼續努力，怎會有輝煌的明天？今天行是過去的卓越表現，但未來是奠基在今天的作為。因此，筆者常將「卓越」解釋為「昨夜」，強調那是昨夜的卓越，如不再更用心努力，豈能百尺竿頭更上一層？想在原地打轉已屬不易，快兔被慢龜一步一腳印趕上，乃因慢龜並未停止學習和進步，這也是日本過去十五年的泡沫經濟不能成長突破的原因。原先日本人最重視論資排輩的前輩制度，而日本話的「前輩」發音很像「先敗」，由於這些前輩（先敗）未再進步，擋住了後進的努力作為，當掌大權的領導者是這樣的人物，即使是再輝煌的行業狀元，也是沒有明天的，因此視卓越為昨夜，面對已經過去了的成就，只有更加努力才不致使成功成為失敗之源。

原因四、企業經營有如「逆水行舟，不進則退」，行業狀元如不能保持繼續領先，就有被取代之虞。

能留下來的企業，並非最強與最精巧的，而是適應力最好的，（

It is not the strongest and smartest species survive, but the most adaptable ones do.）這是達爾文「物競天擇」的基本論點，企業處於競爭的社會，弱肉強食、適者生存不只是自然生態的定律，也是工商社會的營運準則，只要企業體質不佳、經營不善，只有被併購或退出角逐的命運，「只見新人笑，不聞舊人哭」一向是工商業界的物競天擇定律。

當然，台灣與世界經濟都正面臨「四高一低」的變化趨勢，即高失業率、高競爭替代率、高知識創新需求，以及高物價通膨和低經濟成長，企業為求發展必須採取3S策略的管理。換言之，變動頻繁必須做意外與風險危機的管理（Surprise management），另外才是反應要快的速度為先（Speed），以及服務要精緻與細緻的要求（Service）。其中，意外不可測、不可期、不可控的變化太多，以及社會與顧客流動大，企業卻要提供更多功能產品的複合化管理，常使企業不易調適，加上一般中小企業不願認輸，一再降價做價格競爭，且常改變其營運策略。這樣意外、例外以及遊戲規則的改變已成常態，企業要做的意外管理當然要先配合速度，以及精緻服務的三S管理。如此，已成行業狀元的企業才能守成，繼續保有優勢，否則龍頭寶座就要拱手讓人（見圖九十五）。

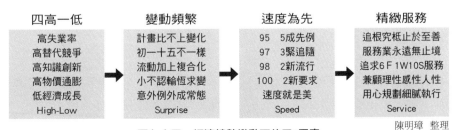

四高一低	變動頻繁	速度為先	精緻服務
高失業率	計畫比不上變化	95　5成先例	追根究柢止於至善
高替代競爭	初一十五不一樣	97　3緊追隨	服務業永遠無止境
高知識創新	流動加上複合化	98　2新流行	追求6F 1W10S服務
高物價通膨	小不認輸恆求變	100　2新要求	兼顧理性感性人性
低經濟成長	意外例外成常態	速度就是美	用心規劃細膩執行
High-Low	Surprise	Speed	Service

陳明璋　整理

圖九十五　經濟情勢變動下的三S因應

原因五、好大喜功，多角化擴充，以致戰線過長。

企業在策略上失誤並不少見。東方的企業家一般大都持有「數大就是美」的觀念，好大喜功，總覺得固守本業的「專注」經營不上道，如有機會更上一層樓，做個兼業多角化的企業財團，豈不更為風光。也因有這樣追求「巨大」而非「偉大」的價值觀，因此一旦經營進入順境，成為有好榮銜的傑出企業家或行業狀元，就喜不自勝地在外張揚，但更可怕的是被人引誘或設計進入他所不熟悉的行業，這樣雖滿足了他自大的虛榮心，但卻壞了他的基業與企業體質，最後當然企業就像過度膨脹的氣球一樣「破了」，幸運者雖傷身，但尚可保命，不幸的就會一蹶不振而破產消失。漳州台商榮譽會長李榮福就說：多角化的企業容易生存，但不容易成功。的確是肺腑之言。

其實，策略失誤不只是多角化，有時不當的購併也是問題之所在。很多研究皆指出：購併越來越成為企業家的最愛，認為它是快速成長的捷徑。然而，它也是企業問題產生的根源，畢竟兩家企業的文化與價值觀不一，卻要同居共處、共事，如果是有互補性的合作，倒還能發揮截長補短的效果。然而，大多數的購併都是併吞同行以求量大、數大，結果核心專長類似，只是虛增企業的市場佔有率，卻未能提高企業真正的競爭優勢，最後又因內部不和、派系相鬥而使企業傷身破財，HP與康柏的跨世紀合併，最後導致執行長菲奧莉娜下台就是最好的例子。

圖九十六就說明企業贏家變成輸家的發展歷程：企業因創新產品填補空缺，而找到利基與表演的舞台，進而又有明確的市場定位與區隔、獲得目標市場的支持，所以快速擴充，如有市場景氣的配合，懂得賺機

會財，再加上策略聯盟與技術合作的突破，就可順利登上冠軍寶座。但考驗接著就來，這時企業開始想大肆擴充，從事兼業多角化與購併，且展開海外投資的國際化經營，這時已建事業部與總管理處，但在這關鍵的轉折點就怕策略失誤，如不審慎進行，反而會（1）因快速崛起而後繼無力，（2）好大喜功，浪費企業寶貴的資源，（3）狂妄自大而不知守成，（4）如再遭逢國際經濟不景氣，或像中國突然實施宏觀調控，或像九七金融風暴與美國的次級房貸事件，企業就會承受不起而倒下。

找到縫隙	區隔定位	擴充成長	多角集團	被併消失
自得先機自成長 尋得利基與舞台 創新產品填空缺	得目標市場支持 明確的市場區隔 定位明確效益大	賺機會財成長快 市場景氣發展快 策盟技術有突破	尋找經理人協助 建事業部總管處 海外投資集團化	快速崛起後繼無力 好大喜功浪費資源 狂妄自大不知守成

陳明璋 整理

圖九十六　贏家成輸家的發展歷程

原因六、成功者未能與時俱進與精進，而將狀元寶座拱手讓人。

我們常說：好的開始是成功的一半。搶先常是成為強者的要件，然而成為狀元之後，因為已有規模和身分之故，不復當年中小企業那樣的靈活機變，同時也因有成就的包袱，多少會瞻前顧後而猶豫不決，以致延誤良機，從勝部落為敗部。先人常說：凡事豫則立，不豫則廢，就是這個道理。

原因七、執行力不足、半途而廢。

其實，與時俱進的觀念與我們常說的「行百里者半九十」的道理一樣，主要在於執行力的問題，正如管理的精義：「事在人為，功在執行

與追蹤。」若要有好的執行與追蹤，就要做好前饋預應，而不是事後聰明的回饋控制。國人常諷刺議事的無效情形是：會而不議→議而不決→決而不行→行而不果→果而無成→成而無效。同樣，百聞不如一見→百見不如一思→百思不如一解→百解不如一行→百行不如一果，就在強調最後有成果的重要。行業狀元也常敗在行百里者半九十的執行功夫上。

中國最大的低壓電器狀元，正泰的南存輝，他的「燒開水哲學」亦有同工之妙。他說：如果一壺水燒到九十九度，只差一度就開了，卻心血來潮，覺得另一壺可能燒得更快，就跑去另起爐灶，結果就會讓原來那一壺水也涼了。

原因八、外在大環境變化。

大環境的變化，如經濟景氣的變化與衰退、法令管制的要求加多、政府的協助減少、企業觸犯公共利益，以及兩岸關係不明與惡化等，其實這些都是企業不可控制與預測的，行業狀元儘管有得道多助的優勢，但如不隨時有憂患意識的危機應變管理，大環境的惡化也會傷及企業的。

至於資本市場本益比日低，無法再像往日那樣發揮籌資的功能，市場競爭慘烈，微利時代的來臨使利潤淪為保二、保三的地步，全球化的浪潮更讓企業要隨時與時俱進，改革創新、世代交替的盛行要企業做好產品與人才的培育接班，而轉型的瓶頸壓力，更讓企業要苦思對策，尋找新的營運模式。

第**6**章

保持顛峰的
十大策略

能成為行業狀元談何容易，要投下畢生的心力、經過無數的磨難考驗，才能登上珠峰，可謂十萬個不見其一，值得珍惜。然而，卻有上述八大原因讓行業狀元風華不再，淪為凡人，令人扼腕嘆息，因此成為行業狀元之後的管理更珍貴，更值得討論。不管怎樣，能成為人中豪傑的行業狀元，已屬鳳毛麟角，但畢竟仍未臻十全十美的完人境界，不能就此自大自滿，應有豐田英二所說的：一心向前，永不駐足的素養。試想，世界第一名的高爾夫選手老虎·伍茲，仍然聘請教練指導，可見只要是還在企業競技場的選手，仍需有各種專業顧問指導，才會進步。以下筆者將提出十點登上珠峰狀元後的管理，供作參考。

一、行業狀元要定期將自己歸零

登上高峰者要定期回到當初創業的原點，檢討過去種種的努力與功過對錯。所謂總結經驗再出發，就是要企業認清當前的情勢與未來可能變動的根源，適時地採取必要的預應對策。

未來又可分為四種，即：（1）明確的未來，它是現在的延伸，可引導也可預測。（2）願景的未來，它是要努力去創造和開發的。（3）競爭的未來，由於各方的競逐，誰都想影響它，故變化甚大。（4）混淆的未來，它是最不可預測和不可控制的，由於涵蓋面廣，多方影響，無主力中心，故遊戲規則可能要重寫而回到競爭原則來。這四種未來，前二種是好的，後二者是企業意外與風險的來源，因此要特別去管理它。

無可否認，企業當然有預應、引導、適應及改變未來四種策略可資運用，但這些作為中，最重要的莫過於將自己歸零；回到原點，才能看清自己的處境，總結經驗再出發就是要使行業狀元能洞悉自己與情勢需要。

有日本經營之神美稱的松下幸之助，其經驗值得參考。每當他要修養身心，苦思問題對策時，就會到他在京都命名為「真真奄」的小神廟下閉目冥想，這座神廟並未供奉任何神像，上面卻放著一塊木板，刻有松下親自用毛筆寫的「根源」二字，松下就坐在「根源」兩字下，閉目靜思，松下這樣做，目的是要把「內心騰空」，讓自己站在心外，向心內觀察。這樣做，其實就是一種自我控制的歷練，希望自己能超脫，而與「自然」本質結為一體，不為眼前利害所蒙蔽，而讓外力有可乘之機，以求保持率真之心，松下這種做法，值得行業狀元學習效法。

二、行業狀元要修習企業經營的五堂課

這五堂課是曼都創辦人賴孝義的畢生體驗：（1）對事業要好一點，（2）對顧客要好一點，（3）對員工好一點，（4）對老闆（主管）好一點，（5）對子女嚴一點（見圖九十七）。

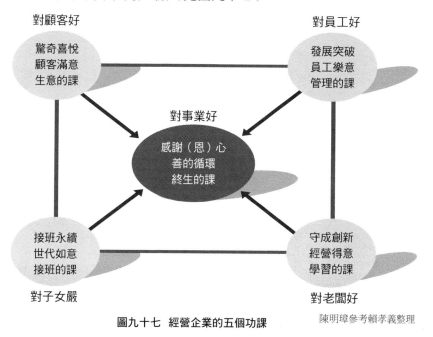

圖九十七　經營企業的五個功課　　　陳明璋參考賴孝義整理

對事業好一點是終身的功課，企業經營本係一條不歸路，行業狀元尤其要傾一生的熱情，來創造善性的循環，絕不能只把它當成賺錢的工具；它是實現個人理想抱負、奉獻社會、讓人肯定其價值的途徑，因此要心存感恩，敬謝顧客、員工、供應商、經銷商及外界各利害關係人的協助，使企業能持續成長。

對顧客好一點是生意的功課,是如何讓顧客不斷有驚奇喜悅的感覺。對顧客好或讓他們佔一點小便宜,顧客會因滿意而大力回報,不斷地購買企業的產品與服務,讓企業獲利成長。

對員工好一點是管理的功課。所謂「財聚人散,財散人聚」,對員工好一點是不會吃虧的,企業如果有好的激勵制度,包括分紅入股等內部創業模式,員工才會將心比心,把企業當成自己的事業來管理,企業才能有所發展、突破與傳承,只要員工樂意,生產力就可提高,企業的競爭優勢就奠基在此。

對老闆或主管好一點是學習的功課,從老闆與主管那裡學到待人處事,以及創新守成的積極心態和作為,對老闆好並非只針對大老闆,每個人的直屬主管都可稱為老闆,而對直屬主管好也是一種向上學習的規劃。

最後,對子女嚴是接班的功課,企業不只求一代強,要求永續經營,因此一代接一代的傳承非常重要,中國人一向是傳子不傳賢,但子孫若教不好就會有好不過三代之虞,因此對子女嚴格一點,才能讓子女順利成器接班,這中間當然有一段助跑的過程,同時也要有專業幕僚的協助,幫助建立第二代的接班團隊,企業才能接班永續,世代相傳。

修企業經營的五堂課是前後呼應,缺一不可,行業狀元對前面四好是天經地義的,但對子女嚴,也是必走之路,唯有子女成材成器,企業才有前景可言。

三、經營者應有一套明確的價值觀與做事準則

有些事是要有所作為，有些事卻要有所不為，其間的分際要分得很清楚，且要有適度的平衡，之間並沒有含糊的妥協空間。這些價值觀，可以成為公司企業文化的根源，使企業運作有明確的一把尺，不但可內化作為企業員工的行為準則，且當企業面臨危機或困境時，能有清楚的方向選擇。

其實，有所為是指行業狀元要積極去改變或促成其理想願景的實現，以提升其競爭優勢，如維持品質、提高品級、塑造品牌、創造品味的「四品功夫」，或不斷培用人才、延攬專業技術與管理人才，使企業不致淪為一言堂，能允許異議雜音，讓企業充滿創新活力，且在技術與創新方面的投資不打折扣，持之以恆做內部的革新改善，追根究柢，止於至善應是其工作態度，並將對顧客的服務與滿意的改善，視為天職。筆者認為的6F1W的服務設計應是企業狀元可力行的工作，這使顧客驚奇喜悅的設計，即是提供：（1）閃亮新鮮（Fresh）、（2）直接便利（Forth right）、（3）帶來歡樂氣氛（Fun）、（4）快速無比（Fast）、（5）彈性應變（Flexible）、（6）都是為你（For you）以及給顧客哇（Wow!!）的感覺之產品與服務（見圖九十八）。

有所不為是指在商場應遵守的準則，如誠信經營、童叟無欺、不會店大欺客、不偷工減料、準時交貨等商人基本信條的奉守。如統一企業集團多年來一直高倡的「三好一公道」，就是使統一得以成功不墜的最核心信念，也是企業行事的圭臬。

　　有所為與有所不為，應是行業狀元拒絕誘惑，堅持原有的理想與價值觀，不盲目躁進的自保成長之道。

圖九十八　讓顧客驚奇喜悅的6F1W設計

四、行業狀元以終生學習為永續追求的目標，且要塑造企業成為學習型的組織，企業才有長期成長的動力

　　學習不像金銀財寶有用完的一天，習得的知識像深井的水永遠提不完，因此，學習是行業狀元終身不懈的任務，它錘鍊人的感性，使感性更加敏銳，不但可洞察外界變化所帶來的商機，且可敏銳察覺潛在危機而事先防患。當然，學習就不會成為二十一世紀的文盲，且因不斷學習，可讓企

業不斷成長，不斷變革，不斷突破，對社會市場做更大的奉獻。

另外，學習除可防止企業老化，亦可求取新知，讓企業能創新、有活力，因透過教育訓練的終生學習，而「學多多」、而精益求精，老而彌堅，這樣的求新精神，就可讓企業轉型，創新經營模式，建立更新的網路關係與學習型的組織。

一般常說決定企業成敗的關鍵有五力，這五力就是成長力、競爭力、創新力、執行力及學習力等，但如由核心動力來看，非學習力莫屬，因有學習，才有汰舊換新，改變現狀的成長力；才有與眾不同，富人文精緻內涵的競爭力；才有挑戰限制，突破瓶頸的創新力；也才有不斷追蹤細節，做好管控合一的執行力（見圖九十九）。行業狀元有了學習力，其他四力就可隨之而來，相得益彰地配合。

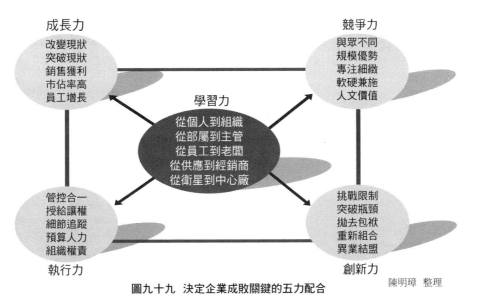

圖九十九　決定企業成敗關鍵的五力配合

陳明璋　整理

五、行業狀元宜依其企業發展階段，調整其角色與管理，才能預應來自各方的挑戰與變革的要求

一般而言，行業狀元是企業核心人物的CEO，而CEO按英文是由三個字組成，首先應是一個Clarifier，他要給企業前瞻的願景與視野，以及明顯的目標，同時給大家方向感和信心；其次，他應是個Energizer，不斷鼓舞企業士氣，領導大家創新突破，帶給組織充滿挑戰活力；最後他應是個Organizer，能建立共識團隊，讓企業的工作、組織、人力、資源和制度流程能有機結合。

隨著企業的發展，林百里認為CEO要有五個階段的角色扮演。他說在草創階段，CEO是Chief Engineer Officer，做好產品品質最為關鍵；其次是扮演Chief Executive Officer，要做好（行）銷（生）產人（力）（研）發物（流）資（訊）財（務）的管理工作；再次是做個Chief Earning Officer，要賺大錢，讓企業的EPS好看，吸引大家來投資，此外應做Chief Expectation Officer，帶給企業願景，讓員工與股東共同築夢、逐夢；最後才是Chief Entertainment Officer，扮演歡愉者角色，做好前景規劃，準備交班離開企業舞台，享受美好人生。從上說明，可知行業狀元應視企業發展階段，隨時調適自身角色。

企業在不同的發展階段要有差異化的管理模式，如在開始的創業階段，常常董事長得兼扮演撞鐘的兵卒，這時是採用人（情）治管理，負責人所用的是命令指揮的語氣；當企業開始成長到中型企業，就要開始分官授職，依功能需要設立俥傌炮的部門與各階層主管，因此就從人治轉向法（制度）治的管理，這時CEO所用的是請求各專業經理人幫忙的語氣；到

了企業成長到中大型企業，企業開始要設總管理處或專業的仕相幕僚，這時CEO就要有一套經營理念，以此來建立企業文化，管理模式就由法治追到理（念）治，而CEO對公司主管員工的語氣就要改為感謝心。

無可否認，企業到此階段已是行業狀元，如進一步發展成為大企業集團，企業就要建立共識經營團隊，以事業部的利潤中心為主體，讓專業經理人在內部創業，這時管理模式就要改成為共治，CEO對其同仁就要採取互助的語氣。而當企業進一步對外投資，走向國際化經營，管理就要走向自動自發階段，這時的CEO要扮演共主的角色，與專業經理人成為夥伴，大家積極主動做事，把公司當成自己的家來看待，CEO與這些夥伴往來就要採用互動的語氣，使企業能自主化的自動化經營（見圖一○○）。

人（情）治 → 法治 → 理治 → 共治 → 自（動）治

| 命令的語氣
兵卒階段 | 請求的語氣
伸偶炮階段 | 感謝的語氣
帥仕相階段 | 互助的語氣
共識團隊階段 | 互動的語氣
自動自發階段 |

陳明璋 整理

圖一○○ 企業發展階段的人性管理

六、行業狀元要學習老鷹的再生精神，不斷地淬礪精進，以達守（學）→破→離（立）的境界，正如動物有天年一樣，行業狀元很難永續成長，如要延年益壽，就要痛下決心苦練「再生」功。

老鷹是世上最長壽的鳥類，可活七十歲，但在四十歲時，就要做一個艱難的決定，才能長壽。原來那時牠的爪子已開始老化，無法有效抓住獵物。牠的喙變得又長又彎，幾乎碰到胸膛。牠的羽毛長得又長又密，飛翔非常吃力，這時，牠只有兩種選擇：一是等死，或是經歷一個十分痛苦的更新過程。

　　首先，牠必須很努力地飛到懸崖上築巢，停留在那裡，以喙擊打岩石，直到喙完全脫落，然後靜靜地等待新喙長出。再利用新長出的喙，把爪子一根一根地拔出來。當新爪子長出之後，再把羽毛一根一根地拔掉。五個月之後，新的羽毛長出來了，老鷹又重新再生飛翔了。

　　上述老鷹再生的過程，相信與許多企業脫胎換骨的經驗一樣，企業若不能捨棄過去成功的光環、追求異質的新世界，是沒有願景前途的。當年本田宗一郎到慕尼黑參觀有名的德國科學博物館，為門前一塊圓錐石所吸引，該圓錐直徑三公尺，圓周約九點四二公尺，其中只有五公分的弧度被畫成扇形而塗上顏色，並註明：這大圓圈代表存在於宇宙中未知的部分，而二十世紀的人類則只發現塗上顏色的部分。本田因而深受感動，才發下豪語說：廣大世界為我留。的確，依企業的發展，經營的奧祕仍有極多部分還未被人發現和應用，行業狀元若能有本田探研廣大未知世界的精神，豈有不能再生成長之理？

七、行業狀元宜體認搶先得點並非最後的勝利者，因為成為行業狀元，才有進入世界競技場角逐冠軍的資格，如果未能再接再厲，就會淪為敗部選手，為人們所遺忘。

　　戴爾公司亞太區總裁Philip E. Kelly，有次到北京訪問，《每周電腦報》記者李遜訪問他，問起：電腦未來會怎樣發展？Kelly表示：第一個進入市場的並不意謂著最後就一定贏得市場。接著他反客為主，向記者提出一連串的問題：

　　「第一個創造個人電腦的廠家是誰呢？」

「是IBM公司。」

「第一個憑著個人電腦取得輝煌成功的是哪一家企業？」

「是蘋果電腦。」

「第一個進入中國PC市場是哪一家外國公司呢？」

「是AST公司。」

「這些公司現在都怎麼樣呢？」

的確，這些公司有的如今已不在（AST），有的已被合併（IBM電腦部門被聯想購併），有的則重組再生（蘋果），這種現象說明既有的行業狀元未來可能的命運發展。為求取最後的生存與勝利，狀元豈可不戰戰兢兢，努力上進呢？

八、狀元要勤練軟性功夫與增補可長可久的人文涵養，才有持續創新進步的根源。

畢竟硬體功夫的技術與管理，涉及人性與資金、時間的限制，發展有其瓶頸，然而軟性的文化素養和人文內涵卻有無窮的發展潛力，正如佛教創辦人釋迦牟尼曾問他的子弟，「一滴水怎樣才能不會乾涸？」諸弟子聞言後面面相覷，回答不出。釋迦牟尼說：「把它放到大海裡去。」是的，一滴水的壽命是短暫的，但當它匯入海洋，與浩瀚的大海融為一體時，它就獲得新的生命力。大海是永遠不會乾涸的，它就永遠存在大海之中。

　　一滴水可以反映海洋的博大內涵，一滴水也只有在浩瀚的海洋中才能生存。同樣，行業狀元要不斷地成長，就要增加歷史、文化、文學、藝術、宗教等人文內涵和生命的品味修養，如此，既充實了自己的胸襟視野，也孕育了企業各個環節的無限發展空間。

　　企業發展到了某個限度，專業的成就雖可充實競爭的基礎，但卻也存在著一層無法突破的城牆，這時只有涉獵其他領域，才有寬闊的發展空間；有如戲劇大師賴聲川的體驗，他要尋找創意突破來源，並非多讀書、看戲或參加專業會議，而是去旅行，尤其是看世界一流的球賽，從現場觀看高手對決的每個細節，呼吸現場狂熱的氣氛，他認為這是一齣由觀眾（顧客）與球員交織競演的舞台劇，而球場就是舞台。他形容觀看世界級的球賽，現場劇烈起伏的演出，那種感覺不像是一大群人在玩，而是一種動物。這種球員團隊的競逐，帶給他靈感的動力。

　　他說：美式足球明星衛蒙坦納曾說，每次交鋒持球後退，準備傳球給接球員的短短幾秒之中，隊友跟敵對防守球員的移動，都是一個個模糊的影像，到了後期，同樣的幾秒鐘，面前的每個人卻清晰得像慢動作一樣，當下該做什麼決定，心裡都一清二楚。的確，有這樣的團隊默契，行業狀元就可繼續成長。

　　當然，文化內涵尚需許多的歷練、志趣的培養以及心靈的修習，這些都不是本行所能打造的，而必須外求，且要持之以恆，狀元才能源源不絕的進步。

九、狀元要執著回復大自然的「有機」狀況，做不躁不急的修行，千萬 不能只做賺錢的工作，而要回饋社會，同時讓企業追求自然美。

企業人生不是在破壞生態，而是在創造自然界繼起的生命，狀元有 悲天憫人的情操，才能帶給企業良性的價值創造。否則企業生產量越多 ，可能越加污染環境，破壞社會生態，且造成自然的毒害。

唯有秉持「有機」的心性才能讓狀元沈澱，回到當初創業的理想 原點，讓企業做些長期奠基工作，以改善目前這種不斷殺價的叢林式競 爭。讓黑心食品、仿冒偽造以及有毒產品不再受鼓勵；講誠信的企業狀 元，尊重生命、顧慮生態平衡與下一代的健康，這種「有機」的生活態 度，才能使企業永續經營，為後代留下一塊塊淨土。

這樣的抱負，能激起行業狀元的使命感，也才會使狀元們拚命努 力的願景，化成行動的「六順」精神，所謂「六順」就是：（1）有 願景目標（Vision）的長期策略觀，在內部創業上建立方向，為社會 風氣的永續改造而努力，讓美夢成真；接著（2）燃燒起狀元的雄心 壯志（Ambition），不怕困難、挑戰現狀缺失與瓶頸；也因此（3） 培養挑大樑的使命感（Mission），不怕苦；（4）萌生樂觀進取、主 動奉獻、燃燒熱情（Passion），願意做義工貴人；（5）能引導社會 建立生機永續、有機無毒的生態環境，彼此截長補短，在觀念共識下 ，化成行動共鳴；（6）最後才能排除萬難，有決戰的毅力貫徹執行（ Execution），且在收尾文化下，建立長期追蹤考核的制度。（見圖一 ○一）如此，狀元也因自利利人，而奠立永續經營的基礎。

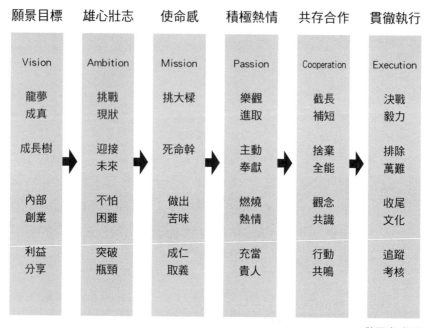

願景目標	雄心壯志	使命感	積極熱情	共存合作	貫徹執行
Vision	Ambition	Mission	Passion	Cooperation	Execution
龍夢成真	挑戰現狀	挑大樑	樂觀進取	截長補短	決戰毅力
成長樹	迎接未來	死命幹	主動奉獻	捨棄全能	排除萬難
內部創業	不怕困難	做出苦味	燃燒熱情	觀念共識	收尾文化
利益分享	突破瓶頸	成仁取義	充當貴人	行動共鳴	追蹤考核

陳明璋 整理

圖一○一　願景化成行動的六順精神

　　另外，建立有機環境固然重要，狀元不躁不急的內在修行亦不可或缺，此或可由學習林懷民「邂逅生命之河」的歷程獲得啟發。雲門舞集創辦人林懷民認為再沒有比「河」更能洗滌人心。他從新店溪獲得先人胼手胝足、開墾拓荒的「薪傳」一劇之靈感，也從印度恆河獲得生命轉變的啟迪，從「河」體會生離死別的人生變化，也讓人靜下來騰空思考「方向」。在佛陀悟道的尼蓮禪河邊，他感受到生命的輪迴，當他帶一片菩提葉回旅館打坐，卻被鎖住了，當時不知從何而來的靈氣，讓他無

法移動，等他站起來，去碰觸那片綠葉，綠葉卻變枯黃而裂開，他頓時感受到：人生就是這樣，你把能量放完了，就結束了。

此後，他的心靈就由急躁轉為自在的提醒，行事速度緩下來，開始尋找喜悅與樂趣，去印度幾次之後，終使他暴怒的性格轉變，從此更加注意「河」，細細觀看它的流動。此後，他的創作就放慢了，不再大喊：這樣來不及了！來不及了！因他更清楚效率不是生活裡的唯一面向，他對舞者的排練，不再急躁，反而拉長喘息的時間，「不要急！不要急！」變成他現在的口頭禪。到了這個階段，工作與生活方式完全改變，由「我工作」改成「工作我」，雲門的夥伴問他：你2008年要編什麼？他說：現在已經不再是我在規劃雲門，而是雲門在規劃我。林懷民這種轉折的心靈素養，可供行業狀元修養性靈的參考。

十、行業狀元想要提升自己或避免遇到風險危機，就要有「背水一戰」的心理準備，甚至重回當年的創業車間、庫房打拚，才能再見榮耀。

從董事長各階段的意義來看，創業階段他凡事要用心，因此要加「心」，做個「懂」事長。到了守成階段，因一切已較上軌道，他要建好制度在旁監督，因為成為督導身分，在旁監軍坐鎮、供人欣賞的「董」事長；但若是企業發生危機，就要操心憂危，重回第一線與現場指揮，再做「懂事長」。有如當年松下幸之助公司發生營運危機，他又回到公司擔任營業部部長一般。當然，到了最後的接班階段，他又要退下，重做督導企業的「董事長」（見圖一〇二）。

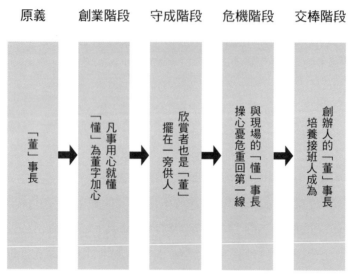

原義	創業階段	守成階段	危機階段	交棒階段
「董」事長	「懂」為董字加心 凡事用心就懂	欣賞者也是「董」擺在一旁供人	與現場的「懂」事長 操心憂危重回第一線	創辦人的「董」事長 培養接班人成為

陳明璋　整理

圖一〇二　懂事長的各階段意義

　　企業經營本來就要戰戰兢兢，傾全力去處理，行業狀元既是此中翹楚，自是優秀傑出，而從「優」字原是「憂人」組成來看，「憂人」是：（1）操心憂危的人，（2）有憂患意識的人，（3）有「先天下之憂而憂」意識的人，（4）有憂國憂民情懷的人（見圖一〇三）。也因有憂患意識和危機感，行業狀元才能未雨綢繆，化危機為良機，但即使是這樣，仍必須有傾全力背水一戰的心理準備，才能永處順境。

　　孔憲鐸教授以七十歲高齡再度在北大攻讀博士學位，就是最好的例子。他幼年在戰亂中失學，從紗廠小工一路逆流而上，三十七年前取

得多倫多大學博士學位，在美加大學當教授、系主任和院長，其間又參
加創建香港科技大學，任學術副校長，後又當選中興大學校長而未就。
現在他考進北大，再修心理學博士，註冊之日，有兩本著作同時由北大
出版，他是孔子的第七十二代孫，為此《聯合報》記者張作錦，寫了一
篇〈背水一戰的傳奇〉，副標題是：「憑誰問，教授老矣，能讀博士否
？」

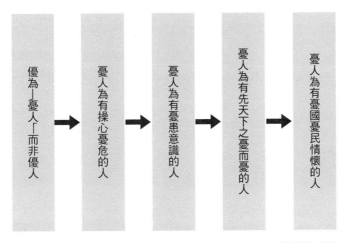

優為→憂人「而非優人 → 憂人為有操心憂危的人 → 憂人為有憂患意識的人 → 憂人為有先天下之憂而憂的人 → 憂人為有憂國憂民情懷的人

陳明璋 整理

圖一〇三 優字的真義

從孔教授的經歷來看，他應是個傑出的行業狀元，但他仍不滿足，
還想再更上一層樓，研究人性與基因，過去不管是就業、讀書或攻讀學
位，他碰到的困難都不比別人少，但他卻因有背水一戰的戰鬥力與旺盛

的企圖心，終於克服層層關卡，登上人人羨慕的學術殿堂狀元。現在他已七十歲，還想在基因與人性上做研究，求突破，他又希望在讀完心理博士後，還能繼續攻讀歷史博士，他的雄心壯志，使他不斷的躍升進級，實可作為行業狀元成功後管理的參考，這種背水一戰決心與毅力，也應是他能披荊斬棘，通過層層難關的因素。

結論

期待新狀元
企業的誕生

　　出人頭地成為行業狀元幾乎是每個企業經營者矢志追求的目標，近幾年，由於經營環境丕變，企業開始利用海外的優勢資源，走向對外投資的國際化經營，經過幾年的努力，台灣的企業有不少傑出者嶄露頭角，成為行業狀元，甚至成為世界第一的龍頭老大。過去有關這類的報導不多，近幾年這方面的訊息加多，國人才開始注意行業狀元這個課題。

　　台灣企業一向習於幫人代工貼牌，加上國內市場狹小，做國際品牌的條件不佳，因此，自創品牌成功的例子不多，也因幫人代工成為流行模式，因此，台商很少成為顯形狀元，大多數行業狀元都是隱形冠軍。他們沈穩低調、不張揚，外界對他們的瞭解相當有限，但在此競爭激烈的時代，他們成功的營運模式值得深入探討，以供其他企業轉型經營的參考。也因此，本書深入分析行業狀元產生的時代背景、成為行業狀元之道、十個代表性的營運模式及七個對應案例，以及成為行業狀元之後如何避免失敗，作者深深期望大家能成為永久的三冠王。

　　眾所周知，行業狀元要經過苦心經營和多階段的挑戰，才能登上寶座，因此有些基本心態是必備的，例如美國戴爾的經驗：戴爾模式無往不利的祕訣就是：「沒有最好、只有更好」的自我勉勵機制；戴爾及其員工都相信任何事情都可以做得更好，任何細節都可以做得更加完美。他們以此來激勵自己，從而形成了戴爾的企業文化，「只有更好」的心態確實可做為已是或想成為行業狀元人士的參考。

　　另外，中國家電狀元海爾的「自以為非」理念亦可參酌，海爾一再向員工強調，對市場要有以下的共識：骨幹的管理人員對市場的變化要

以變應變，不能自以為是，而要自以為「非」。在市場需求的面前，必須永遠自以為非，如果自以為是，馬上就會跌跟頭，吃足苦頭。海爾在走向國際化的途中，既要不斷的創新，否定自己既有的成就，又要面對各方的壓力和批評，甚至在大家的質疑中成長，從品質、品牌、市場到國際化，莫不留下這樣的痕跡。其實，要由國內狀元躍升成為國際狀元，有誰能不接受這樣的磨難？但話說回來，經過這樣的磨難與困頓成為行業狀元，是值得的，且應不吝惜這種付出。

其實，做任何事都要想辦法，也就是要有想法，且要有成事的辦法和做法。韓國三星的董事長李健熙就認為要超凡入聖，成為完美的世界一流企業沒有捷徑，只有各方面都要做好細節的管理，且要從頭而來，一一修正到完美精緻，才能馬到成功。他說：高爾夫球開球時能打出一百八十碼的人，如有好教練的指導，很快便可打到兩百碼，但想要打到兩百五十碼以上，甚至想要破紀錄的話，那就要一切從頭開始，從握桿的方式到站姿等，都得全部修正才有可能。

進入知識經濟時代後，智慧財產的保障反而是成為行業狀元的要件，最近台灣媒體《商業週刊》從專利一百強的質量總評比中，選出十五家台灣新大王。三十年前他們是幫人代工的黑手，十五年前他們進入國際市場，卻遭國外大廠以侵權控告打壓，如今，他們靠專利翻身，成為知識經濟時代的創新企業，以專利稱霸世界，這些企業在不起眼的產品中，如嬰兒車、涼椅、彈簧、門鎖等，都已成為世界第一，他們是真正的隱形冠軍。

未來，台商仍有許多的仗要打，如標準制定、專利商標、塑造品牌、建立物流運籌以及經營模式的創新等；儘管有許多的路要走，但充實體質、做好研發、建好制度是不可或缺的，而且未來將如聯發科董事長蔡明介說的：科技公司如不打專利商標官司，會被認為是不怎樣的公司。

未來應當要發展的是有願景式的專利，而非只是防禦性的專利，唯有有願景式的專利，才有願景可言，另外，所發展的專利要「有利齒」，不但對競爭者有嚇阻作用，且可掐住競爭者生命線、佔有市場，這種專利發展已非只是創新突破而已，它且是企業成敗關鍵性的競爭武器，這樣做行業狀元才更有成為世界第一的潛力。

當然，成為行業狀元是不易的，且無法保證行業狀元永遠是產業的龍頭老大，但如能綜合下述幾個條件，相信行業狀元的產品是不會被輕易挑戰或取代的，即：（1）首先它是個制度體質健全的企業；（2）它在產權資本結構上非常清晰，公司營運也透明完整；（3）在行業上具有領導力；（4）擁有核心的競爭力；（5）財務結構、內控制度建全；（6）同時兼做貼牌與自牌，而兩套體系要獨立，獲得客戶支持與信任。

其次，它要有深厚實力的拳頭作為營運基礎，即：（1）品牌是其大拇指、（2）規模大是其食指、（3）技術好是其中指、（4）價格有競爭力是無名指、（5）服務好是其小拇指，再者，它在行業領導上有其實力與形象，即：有深厚的資本為其手掌。上述的五指為其競爭力基

礎，資本掌和競爭五指交相運用成為優勢，且不時注意市場的變化，有獨特的市場感動與文化企劃力，如此就可在產業上做好行業管理。

最後，它的競爭基礎是建立在五大因素上，即：（1）它擔憂無商不艱，而加強研發；（2）它以誠信為信念，不懼市場的變化；（3）它以實力競爭為基礎，追求「勝者為王」的結果；（4）它在顧客心理上是價格既便宜，但價值又不低；（5）它用智慧來設計封殺競爭的軟性力量，如人文與規格力。

無可否認，行業狀元經過多年的苦練，已成行業新典範，但可預期的，企業是在進行一場沒有終點站的競爭，台商狀元如停止學習和檢討改進，那只是扮演承先啟後的過渡橋或中間媒介，成為新行業霸主的墊腳石，甚至淪為灌溉別人的肥料而已，這也是為什麼GSP行業狀元高民環特別懷念當年操心憂危、努力奮鬥的窮日子，有街頭鬥犬之稱的旺旺老闆蔡衍明也感慨地認為，人不能成名自滿。

另一方面，企業人並非只是賺錢牟利而已，而應做社會發展與進步的推動者。如明門實業的董事長鄭欽明在遭受人生重大打擊時，反而激發出大愛精神，推己及人，積極推動他去世妻子所創辦的雅文基金會，協助聽力受損兒童及其家庭追求健康和幸福。

奇美許文龍的做法也與鄭欽明有異曲同工之妙。他經常說的一句話是：「經營企業不應以賺錢為目的，而是應努力使所有人，包括員工、經銷商及社會獲得幸福。」為此他要為後人建立典範，畢竟沒有人知道百年後，奇美實業還存不存在。不過他希望奇美留給台灣的，一是奇美

醫院，另一個是奇美博物館，畢竟人要過得幸福，最後還是要回歸健康的心靈和強健的身體。換言之，許文龍還是從根本來思考，企業要有人文素養與社會的關懷才有永恆的生命。大家都說，企業要永續經營，但若缺乏人文內涵與歷史使命感，不但不能追求真善美的精采企業人生，也無法讓企業有永恆的生命力。

台商行業狀元已比別人打了更好的人生戰，但因他們有無限的活力與社會的名望，更應負責帶領企業人追求更精采、更平衡的人生。因為這樣，才能創造富而好禮的多元化社會環境。如此，企業要更為精緻亮麗，才有美好的社會基礎，否則缺了健康與幸福的社會基礎，只有企業自身美好，行業狀元要更上一層樓是不可能的。但並非只是捐捐款，就算盡職和回饋社會，這樣做是不夠的，花時間真心的投入、參與社會建設與創新改造，設立基金會等公益事業來關懷社會健康發展，才是行業狀元所應思索與投入的。

總之，行業狀元並非任何人所專有的，也沒有人能封殺所有的競爭與世代交替的現象；成為行業狀元不易，但守住行業狀元亦非不可能，因此，唯有從人文內涵、內心素養、靈性兼修以及包容的心，與狼共舞，相互策略聯盟，或許可讓行業狀元獲得綿延無窮的生命力。最後，我們不但祝福行業狀元永遠成功不墜，更期望企業界青壯之士汲取書中所述的台商行業狀元的創業、守業及關懷社會的精神，以及其成功之道與經營管理等技巧，進而開創自己的事業，成為更燦爛的新一代行業狀元！

☆ Star Principle

暢銷書《80/20法則》作者睽違十年最新力作
李察・柯克給讀者的一封信

親愛的讀者：

吉星非常稀有。但你一定可以發現它們！

我25歲時不小心踢到「吉星」這個概念。它是在我受雇於BCG集團的數年之前由集團創辦人布魯斯・韓德（Bruce Henderson）發明的。

布魯斯說，吉星事業有兩個特質：

它必須是所在區塊市場的領導者！

並且這個區塊必須是快速成長的！

初期，一個事業可能沒沒無聞而且規模很小。但如果它符合這個兩條件，你可以很有信心——總有一天它會變得巨大而高價！

從布魯斯・韓德森那裡學到「吉星」的秘密後，我從此一直在吉星事業工作或投資。我得到了美妙的時光！過去三十年中我投入了五個吉星事業，五個都非常成功，平均的投資報酬率是我投資金額的數十倍！最好的則是五十三倍！！

我已經將我尋找吉星事業的過程與得失經驗化成知識，把我所知道的全部寫下來，透過檢視吉星事業，我歸納出創造吉星的共同成分。讓你也可以創造自己的吉星事業！！

「你只要採取同樣的作法就可以既賺大錢又樂在其中。不管你是否想要自行創業、不論你有沒有錢投資，吉星事業都可以讓你的生活更甜美、各方面都更富裕。**讓我再重複一次；即使你只是一個普通的上班族，並非企業家或是有錢人，它都適用。你可以讀到這裡為止，也可以掌握這個改變一生的機會！**」

——李察・柯克（Richard Koch）